New Urbanization Planning Series　新城镇化规划丛书

住宅
规划设计资料集

Residential Planning & Design Collection

佳图文化 编

小高层卷

3

中国林业出版社

图书在版编目（CIP）数据

住宅规划设计资料集 . 3, 小高层卷 / 佳图文化编 . -- 北京 : 中国林业出版社 , 2014.6

ISBN 978-7-5038-7475-8

Ⅰ . ①住… Ⅱ . ①佳… Ⅲ . ①高层建筑—住宅—建筑设计—世界—现代—图集 Ⅳ . ① TU241-64

中国版本图书馆 CIP 数据核字 (2014) 第 090730 号

中国林业出版社·建筑与家居图书出版中心

责任编辑: 李 顺 唐 杨

出版咨询: (010) 83223051

出 版: 中国林业出版社 (100009 北京西城区德内大街刘海胡同 7 号)

网 站: http://lycb.forestry.gov.cn/

印 刷: 广州市中天彩色印刷有限公司

发 行: 中国林业出版社发行中心

电 话: (010) 83224477

版 次: 2014 年 6 月第 1 版

印 次: 2014 年 6 月第 1 次

开 本: 889mm×1194mm 1 ／ 16

印 张: 15.5

字 数: 150 千字

定 价: 248.00 元

Development, Planning and Design Elements on Medium-rise Housing
小高层住宅开发与规划设计要素

小高层住宅是一种约定俗成的说法，这种住宅实际上是中高层住宅（取8层、9层）和高层住宅（取10层–11层）相加在一起的概念，之所以不把7层算在里面，是因为6+1的跃层住宅可以不设电梯；如果要把范围扩大到8层～18层，就相当于把二类高层住宅也加到里面，可以称为"小型高层住宅"。电梯和楼梯共同作为公共垂直交通工具，但可以不设消防电梯。因此，小高层虽是高层住宅，但层数较低，又具有多层住宅的某些特点，但防火要求并不如高层建筑防火要求那么高。

一、小高层住宅的优势

从居住角度来看，低层住宅和多层住宅均比高层住宅优越。但基于我国人口多、土地少的现实情况，在城市中建高层住宅是必然出路。因此，这些年全国各大城市都建了很多高层住宅，在北京、上海、广州等大城市甚至出现了超过100m的超高层住宅。在一些地价昂贵地段，还经常出现塔式住宅相互拼接成塔群住宅的情况。高层住宅虽节约用地，能容纳更多住户，但也带来很多弊端。

正是在这种大背景下，小高层住宅应运而生并且逐渐流行起

来。它摒弃了高层住宅（11层以上）的缺点，同时保持了多层住宅的优点；它既符合现行的国家技术规范，又利于开发建设，同时又适应了现在购房者的实际购买水平。小高层住宅具有如下优点。

1. 节约用地，尺度适宜

小高层住宅也是一种高层住宅，因此，同多层住宅相比，具有节约用地的明显效果。其建筑尺度也比较合适，以一幢11层的小高层住宅为例，其高度约为31m，容易形成居住建筑的特点和氛围。从观赏角度看，比较接近自然，不太压抑。

2. 户型优越

小高层住宅的建筑结构大多采用钢筋混凝土结构，从建筑结构的平面布置角度来看，则大多采用板式结构，在户型方面有较大的设计空间。以单元式为例子，小高层住宅同多层住宅相比，其平面布局基本相同，只是多加了1部电梯，因此，具有良好的通风、采光、观景效果和良好的户内布局。由于每户分摊的公用面积并不大，易为购房者所接受。同时，小高层住宅可以发挥多层住宅平面布局的优点，如南北朝向，而且在采光通风方面则更有优势一点，空气质量、景观质量一般优于多层住宅。

3. 提高了生活质量

仍以单元式为例，虽然小高层住宅只加了1部电梯，但作用不可小看。在许多大城市，老人问题已十分突出。老人占城市人口的比例约为15％。如果在小高层住宅的设计、施工和管理中，规定电梯从4层开始停靠，这将给老、弱、病、残、孕妇等群体上下楼以及居民搬运重物等带来极大方便，提高了他们的生活质量。就标准而言，也基本达到欧美国家4层以上住宅设电梯的规定。

4. 投资少、工期短、难度低

由于小高层住宅层数较少、结构体系较简单，抗风、抗震要

绿色、阳光和生命，其建筑的框架结构或框剪结构，决定了它具有多层建筑所没有的空间，便于实现住宅的可变性和灵活性，让住户参与再设计。

在现代家庭中，拥有一个 40m² 以上，附有南向阳台的大起居室，是中产阶层的首选。这种起居室增强了公共娱乐性及归属感。在一个环境优美、公共服务设施完善的小区内，用些许绿化，可点缀出一个富于个人品味特征的起居室，使之与室外环境交相辉映。这个充满阳光和绿色的大起居室，可灵活分隔，划分成一室一厅，满足人口较多的家庭的需要；或用作书房，以丰富居室的内涵。起居室与南向阳台的紧密结合，采用大面积的落地玻璃门，形成阳光室与南向的阳台和透空的铸铁栏杆通透，可将室外优美的环境组织到室内来。"跃层式"的套型，可在室外景观良好的一面设置观景平台，使之有空中花园的效果，这也是小高层住宅建筑的特色之一。

求比一般的高层建筑低，对于开发商来说，投资较少，工期较短，资金和人员均容易周转，而回报率并不低。由于以上诸多原因，小高层住宅逐渐从图纸变为现实并成为风行一时的时尚。

二、小高层住宅规划设计要点

建筑是社区居住环境的主角，其创作水平直接影响整个社区的环境质量。建筑创作应在空间组织、形态尺度、色彩质地等方面，加强社区环境特色建设。小高层住宅建筑的规划设计，在建筑群体布局上，应高低相间，点面结合，这既可以改善城市面貌，丰富城市艺术，同时也是社区文化形成的因素之一。

1. 合理的功能分区

作为代表未来居住方向的小康型套型设计，其最大特点就是公私分区明确。要塑造家庭的舒适环境，必须加深对公私分区明确的理解，以恰当的空间划分，使居住生活行为适得其所，进而获得最佳的居住空间环境。由客厅、餐厅、厨房组成的公共区和由卧室、卫生间组成的私密区，应互不干扰、简洁方便，满足各层次人行为的居住性、适合性和私密性。

2. 开放的空间体系

小高层住宅区的环境特点，决定了其套型设计更多地侧重于

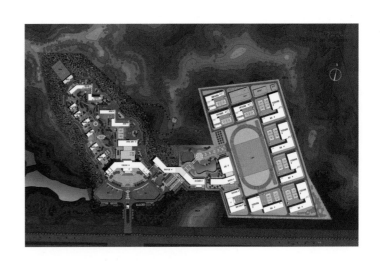

3. 以人为本的的户型平面设计

小高层住宅设计应处处体现以人为本的指导思想。小高层住宅设计可以为一梯四户，这样提高了电梯使用率，减少了每户交通面积的分配比例，并且在一定的建筑面积指标下，提高了户内建筑的使用面积。

(1) 合理的房间尺度

小高层住宅的设计应建立在合理的空间尺度上，面积不可一味地大。起居室设计，根据结合人体尺度和视觉适应尺寸，以开间4.5m为宜；餐厅以3×3.3m的空间，能较好地满足家庭用餐和宴客的需要；主卧室以3.6×4.8m的空间，加上独立卫生间为较舒适的尺寸，附有南向大阳台的更佳；厨房面积应大于6m²，平面以方形为宜，使橱柜呈"岛"形布置，气派、大方，空间感觉完整；卫生间面积不应小于4m²，将洗溺与面盆、洗衣机分开设置，可避免晨间高峰期的交叉使用问题。

(2) 更宜人的居住空间

除此之外，小高层住宅设计还有以下共性。相对于多层和高层住宅，小高层住宅从底层入口到顶部的造型设计可以做得相对，既可以使得细部设计清晰可见、又可在总体环境上创造出更宜人的居住空间。

各户入口处可设置入户花园阳台，增强生活体验，或设置有门厅作为过渡，确保了住宅的私密性。阳光厨房，惬意生活新感觉。厨房位于入口处，清洁、卫生，减少了污染。操作台严格按照人的尺度设计，符合人的行为规律。通风流畅，各种管道集中设置于管井内，管井门开设在楼梯间内，四表出户，便于维修管理，避免了入户查表给住户带来的不便。

南面设置景观阳台，让景观轻松入室，生活因此而生动。主卧室加明卫，配合外飘窗，明媚的阳光，清新的空气，通透又私密。厅房动静分区互不干扰。洁污彻底分离，完全体贴生活需求。卧室置于房间深处，安静无干扰，卫生间设在方便使用之处。

起居室居于户型的中部，与各功能空间联系便捷。厨房和卫生间的门均开在隐蔽处，尽量避免墙面开门。长长的实墙面，可方便家具的摆放。

4. 有效地组织设备管网

在小高层住宅建筑设计中，厨房和卫生间管道均应采用集中管道井布置，竖向管道设在其中，水平管道在操作台后部设100cm宽的水平管线区，卫生设备的管件可采用吊顶将其隐蔽。当结构布置有条件时，可采用楼板下沉，将户内的所有管件均在同层布置，维修时不需到下一层，以减少住户间的矛盾。

5. 舒适的空间感受

小高层住宅建筑，因为跨度较大，层高比一般多层住宅建筑高，形成了更舒适的空间感受。一般多层住宅建筑层高为2.7~2.8m，小高层建筑的层高，视其框架梁的高度变化而变化，一般在3m左右。跃层式住宅的起居室可设置"吹拔"，连通上下两层，形成4~5m高的宽敞空间，可增加空间的流动性和趣味性。

这种宽敞与舒适，在当前城市建筑密度增加，住宅建筑层高普遍较低的情况下，尤为难得。

三、公共空间的规划设计

公共空间的设计，也应充分体现人性化空间的特点。每栋小高层住宅建筑的一层，应设计面积适当、空间形态完整的大堂空间，电梯门在一层，以直接面向大堂为宜，使人在大堂的每一个位置均能看到电梯的显示牌。电梯厅及公共走道至房间的所有公共部位，均应精心设计，首层入口踏步旁做无障碍坡道设计的电梯直

达各层的，这既体现了对老龄人及伤残人的关怀，又提高小区的可识别性和归属感。

四、安全问题及结构体系

居住首先需要安全。居住安全保障，要求在交通组织、设备安装及运行、结构设计、灾害预防等方面做到综合考虑。

1. 合理经济的结构设计

在结构设计上，混凝土框架结构具有自重较重、抗震原理为刚性的特点，虽然施工速度较慢，噪声大，但在防火方面性能较好，因而目前在国内应用广泛。而另一种应用不多的钢结构小高层结构体系，正逐渐引起开发商和设计师们的注意，这种结构具有自重轻、抗震性能优良的特点，不仅使建筑结构更加安全，而且大大提高了工厂化、产业化水平，减少了现场湿作业，能极大地提高劳动生产率和施工速度及精度，减少施工噪声，符合环保施工的要求。这种结构虽然防火性能较差，但如果做好防火处理，同样也能满足防火要求。

2. 抗震结构设计

由于目前的小高层住宅结构设计大多数是根据已经确定好的平面和竖向布置，先假定好构件尺寸，通过电算，个别指标超限，则对这部分进行调整，至于整个方案是否完善，构件尺寸假定是否太大，则心中无底。很多时候都会产生不必要的浪费。另外，住宅布置有时候建筑只考虑立面和内部空间，使结构产生很多不合理之处。例如：某些剪力墙布置不均匀，产生刚度偏心和扭转；多处形成一字型短墙；顶部布置共享空间，产生平面不规则等，这些形式对结构受力及抗震均不利。因此设计师在设计时必须强调概念设计，在平面布置和构造设计上使结构更趋合理，做到经济合理。

计算判断结构抗震是否可行的主要依据是在风荷载和地震作用下水平位移的限值；地震作用下，结构的振型曲线，自振周期以及风荷载和地震作用下建筑物底部剪力与总弯矩是否在合理范围中。总体指标对建筑物的总体判别十分有用。譬如说若刚度太大，周期太短，导致地震效应增大，造成不必要的材料浪费；但刚度太小，结构变形太大，影响建筑物的使用。合理的刚度是多少？建议对于小高层住宅 μ/H 取 1/2500 ~ 1/3500，刚重比在 10 ~ 15 之间是比较合理的。周期约为层数的 0.06 ~ 0.08 倍之间。另外，对结构布置扭转的控制：在考虑偶然偏心影响的地震作用下，楼层竖向构件的最大水平位移和层间位移不宜大于该楼层平均值的 1.2 倍。当然，建议对于顶层构件可不考虑在内，否则很难满足上述指标。

总之，小高层住宅设计时如何把握好合理性、经济性至关重要。在规范允许范围内，合理把握关键部位及次要构件，什么地方应加强，什么地方可以放松，对于整个建筑物保证安全及降低造价影响巨大，这也是我们在今后的设计中要不断提高及改进的。

SMALL HIGH-RISE RESIDENTIAL BUILDING

小高层住宅

Curve 曲线

006-035

韩国首尔Hannam Housing

项目地点：韩国首尔市
建筑设计：PDI World Group
占地面积：117 303.12 m²
总建筑面积：34 852.22 m²

　　该豪华住宅项目是位于韩国首尔市中心的一座环保型绿洲，建于檀国大学原址。建设过程中，现有的绿化植物和多种地形被精心保留下来。

　　因为该综合体将迎来数百户住户，在统一的规划理念的指导下，为拥有不同生活方式的住户营造一种归宿感，这是极大的挑战。大量的设计涌现而出。最后，四个不同的建筑群的构思被采用。这四种房型是根据不同的地形特征而设计的，包括梯田、山坡和汉水区。不同建筑组团将设有各具特色的环境，包括特色的公共室外空间，以满足不同生活方式的需求。除了现有的自然环境外，这里还将建有新的湖泊、喷泉和绿化区。

Landscape

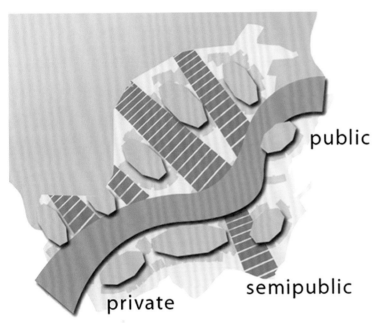

public

private　semipublic

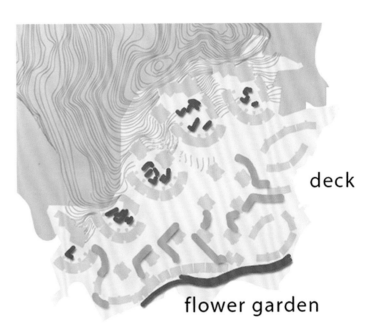

deck

flower garden

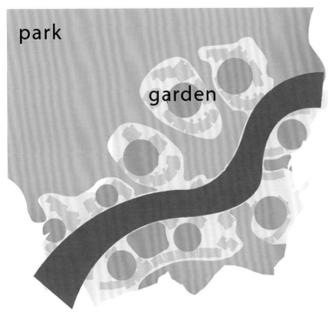

park

garden

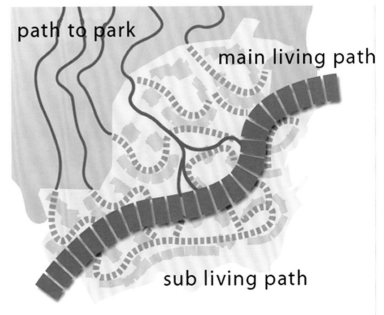

path to park

main living path

sub living path

深圳半山海景·兰溪谷（二期）

项目地点：广东省深圳市蛇口区
开发商：招商地产
建筑设计：华森建筑与工程设计顾问有限公司
占地面积：46 860.8 m²
总建筑面积：139 859.6 m²

　　半山海景·兰溪谷是整个南头半岛小高层及高层豪宅的标杆。二期位于蛇口半山区沿山路东侧，西依大南山，东眺深圳湾，地处深圳蛇口传统的豪宅片区，紧邻发展中的海上世界金融区，山海相伴，繁华与宁静，世俗与生态同时相随。

　　项目在建筑规划、景观、空间设计上借鉴半山海景·兰溪谷（一期）的成功经验，同时在建筑品质上形成突破和创新。规划依据现有的地势形成扇形坡地小区，呈现景观开放的总体布局。其中，以山海通道（连接南山与锦园公园）为基础的步行景观轴线，将大南山、项目中心园林、锦园公园、海上世界有机相连。

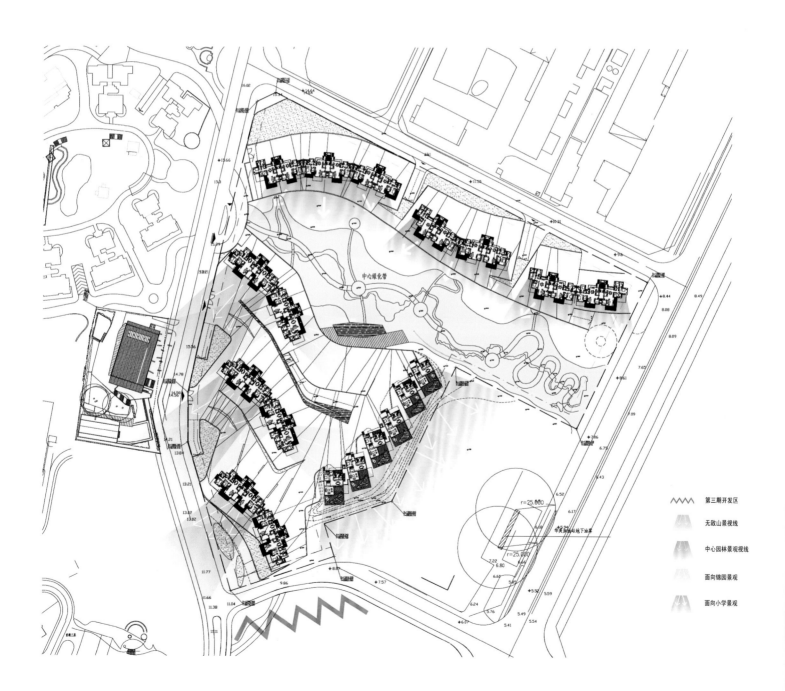

汕头第一城

项目地点：广东省汕头市
建筑设计：陈世民建筑设计事务所有限公司

汕头第一城总体规划通过如下几个方面来体现现代人对人性化、环境生态化及智能化居住生活的追求：从南到北，建筑由低到高布置，使南向阳光可以充分地渗透到小区，且使每一个角落不受遮挡；平面布局点线结合，自由灵活，社区通过共享大空间及内部空间组合，使各住户单元都享有良好的自然景观；为适应本地气候特点，单体平面布置均为南北朝向，建筑交错布置、高低错落，拥有良好的自然采光通风条件；小区中部住宅底层部分架空，使各绿化空间相互贯通融合，同时为住户提供了全天候的休闲活动空间；小区会所正对小区入口中轴线，会所前的绿化广场、泳池及喷泉形成小区的休闲娱乐中心，通过开敞的小区入口广场和花园与周边环境自然相接。

成都新里·派克公馆

项目地点：四川省成都市
开发商：上海绿地集团成都公司
占地面积：250 000 m²
总建筑面积：600 000 m²

　　新里·派克公馆位于西高新国际社区。西临羊西线蜀西路，东临老成灌公路，西侧是成都高新技术产业开发区西区。项目占地面积250 000 m²，总建筑面积600 000 m²，其中首批产品——叠拼别墅、花园洋房总建筑面积达40 000 m²。社区内运动休闲设施有游泳池、晨跑跑道、网球场、乒乓球场、羽毛球场、室内篮球场等。

大连万科假日风景

项目地点：辽宁省大连市
开发商：大连万科房地产开发有限公司
建筑设计：加拿大AEL建筑景观设计有限公司
占地面积：135 000 m²
总建筑面积：153 000 m²
容积率：1.1
绿化率：30%

　　项目位于大连市西部，地处素有大连市后花园之称的西部山系之中。项目南侧与西山水库隔路相望，北靠青山，东面靠近已建成的伊山芸水住宅小区，西侧靠近张前路。整个地块北高南低，背山面水，而且南侧为旅顺中路，东接都市，西接绿水青山，是大连少有的适合人居的风水宝地。项目位于西安路商圈以西约6 km，距离清泥洼桥约12 km。

　　大连万科假日风景项目规划设计充分尊重自然景观，通过社区形态的组织，力求建成一个自然、生态的高品质社区。建筑形式以多层为主、小高层为辅，并配有其他万科集团最新设计的产品。

0   10   40

① 主入口水景广场
② 有毛石的特色组
③ 公共休闲广场
④ 有石雕的特色组
⑤ 有廊架的休闲广
⑥ 有景墙的特色组
⑦ 托幼所
⑧ 满足回车功能的
⑨ 特色水景和阶梯
⑩ 儿童活动区
⑪ 网球场地
⑫ 弧型的矮景墙
⑬ 户外健身器材区
⑭ 曲折的漫步道
⑮ 特色小组团
⑯ 台阶
⑰ 篮球场地
⑱ 临水的树阵广
⑲ 太极广场
⑳ 有矮墙的微地开
㉑ 有时钟的斜草坡
㉒ 有沙池的儿童活
㉓ 特色小广场
㉔ 抬高的圆形广场
㉕ 枯山水的庭院
㉖ 通往山顶的道路
㉗ 景亭
㉘ 树阵广场

图例

➡ 主要人行出入口

➡ 主要车行出入口

➡ 地下出入口

东莞松山湖长城世家

项目地点：广东省东莞市
建筑设计：香港华艺设计顾问（深圳）有限公司
占地面积：68 617.449 m²
总建筑面积：130 383 m²
容积率：1.6
绿化率：39%

　　项目位于松山湖科技产业园"中心区"，地块东南面可看到碧波荡漾的松山湖。其区域位置极为优越，社区有机地融入原有的空间体系和城市肌理，最大化地利用基地周边的有利资源。规划追求自然，依形就势，通过空间的"一长带、三组团"进行组织，营造舒适、亲切、各具情态的组团空间。商业和住宅各自成区，相得益彰。

深圳桃源居11区

项目地点：广东省深圳宝安区西乡前进路北端
开发商：深圳航空城（东部）实业有限公司
建筑设计：华森建筑与工程设计顾问有限公司
占地面积：44 529.22 m²
总建筑面积：126 876.14 m²
容积率：2.27
绿化率：33.76%

深圳宝安区桃源盛世园项目所处的桃源居社区位于深圳西部发展轴中心，深圳机场开发区东部，西临107国道，东北临广深高速公路和新开通的洲石公路，连接宝安城区及机场高速公路的区级主干道前进路穿区而过，与深圳市区、蛇口、福永码头、未来的地铁2号线及机场交通联系十分便捷。本次设计的11区，承担着社区品质的提升和实现经济效益的双重重任，是社区开发和销售的重点。

桃源盛世园11区由七栋板式16～18层高层住宅和三栋18层点式高层住宅构成。总平面布局上采用序列化半围合院落式布局手法，消除东、西朝向住宅，满足住宅南北向的基本要求。在沿前进路和汇江二路上布置一层的沿街商业。在沿汇江二路一侧设人行主要入口，通过五栋下的架空层进入小区内部，同时在桃源居三路和汇江三路上分别设一机动车出入口，平时以IC卡管理，供人行使用。

小区内部部分建筑底层设置架空层，形成良好的视觉通廊，南北两个庭院相互渗透交融，获得了最大面积的内聚式共享环境景观，提升了住宅环境品质，满足了现代人希望生活在大花园中的舒适性要求。

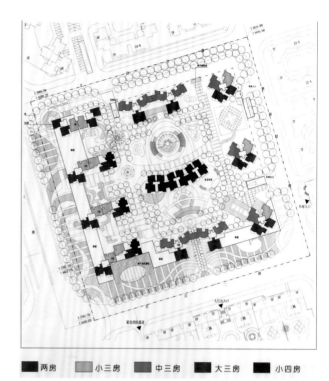

█ 两房　█ 小三房　█ 中三房　█ 大三房　█ 小四房

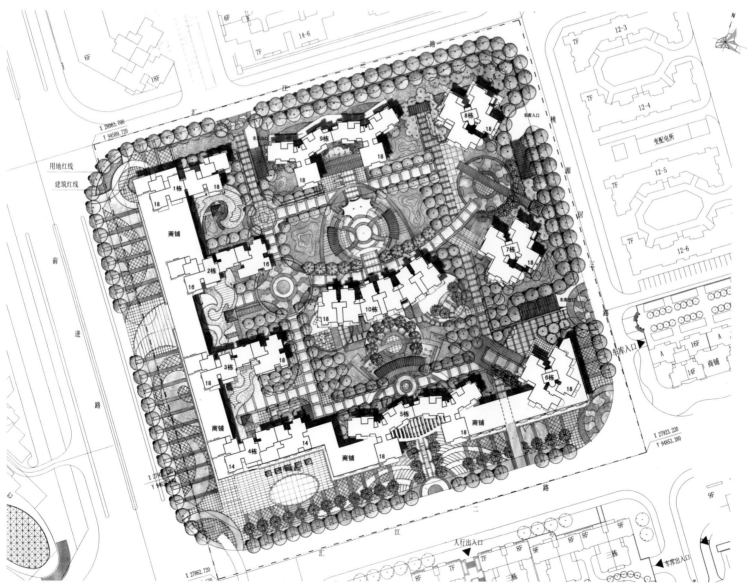

台州山水人家

项目地点：浙江省台州市
开发商：富尔达集团有限公司
景观设计：美国EDSK易顿国际设计集团有限公司
主设计师：廖石荣
总建筑面积：100 549 m²

　　项目位于新崛起的路桥中心区，兼享路桥区南的城市便捷与清新自然，南山寺和中山公园分居左右。周围配套丰厚，交通发达，真正实现与都市时尚生活的零距离。项目将开启一扇公园式的生活之门，并以蓬勃的生机与活力占据城市精英阶层的聚居板块中心。

总平面图　1:500

苏州小石城一区(一期)

项目地点：江苏省苏州市
开发商：招商地产
建筑设计：华森建筑与工程设计顾问有限公司
占地面积：21 591.6 m²
总建筑面积：90 000 m²

苏州小石城位于吴中胜境——小石湖生态区，紧邻国际教育园人文书香，西眺石湖风景区、国家森林公园，与面积为300 000 m²的小石湖公园无缝对接，是集别墅、多层、公寓、商业为一体的大型综合项目。

社区规划有全内置的大型生活社区、景观商业街、体育中心、生活馆及三所专业幼儿园、专业老年陪护中心等各类完善配套设施。招商小石城（一期）产品以联排、叠加别墅为主，面积为185~334 m²不等。

北京正源尚峰尚水

项目地点：北京市海淀区
开发商：北京世纪正源房地产开发有限公司
建筑设计：加拿大宝佳国际
占地面积：251 600m²
建筑面积：360 000m²

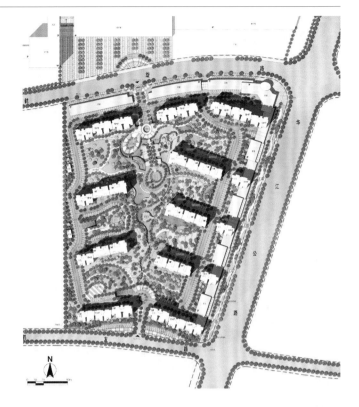

正源尚峰尚水位于北京市海淀区温泉镇，总建筑面积36万 m²，产品包括公寓、花园洋房、情景洋房、商业。项目定位为中关村后首席生态名筑，倡导绿色、健康、可持续的生活理念，客户以中关村、上地等区域的高科技人群为主。项目周边生态环境宜人，南有西山群脉，北有京密引水渠，将尚峰尚水环绕其中。温泉镇水质优良，空气清新，净化空气纯度为市区的5倍，含负氧离子为市区的150倍，同时毗邻多个旅游景区，风景优美，是京城最宜居的板块之一。

正源尚峰尚水将成为温泉板块房地产发展的一个标杆，同时成为北京健康住宅开发建设的一个标杆。项目按照健康住宅规范建造，在规划初期就包含了其他项目不具备的高标准；在选址上，山清水秀的温泉镇无论自然环境还是交通环境都是城区内其他项目无法比拟的；资源利用方面，可充分利用太阳能、风能等可再生资源，维持区域生态平衡，保护环境；建筑材料的选择尽量选择能耗低、更环保的建材，给业主一个健康的生活空间。

禹州三高住宅

项目地点：河南省禹州市
建筑设计：河南省城乡建筑设计院

项目地块两面临市政路，建筑共八栋，高低错落地分布在地块中心带上。建筑间距宽大，在两栋楼之间设置运动场、水景、植物等，给社区居民一个宜人的居住环境。

淄博创业颐丰花园

项目地点：山东省淄博市
开发商：山东创业房地产开发有限公司
规划设计：上海复旦规划建筑设计研究院
建筑设计：淄博市建筑设计研究院
景观设计：上海思纳熙三景观规划设计有限公司

　　创业颐丰花园位于淄博新城区核心区北部，四周被三条城市主次干道和一条区内支路围绕。小区规划采取两个街坊布局，结构清晰，每个街坊有各自的中心绿地、主次空间轴线组织，有利于整体景观营造及公共设施共享，使小区形成一个统一的有机整体。住宅采取短板和点式布局形式，基本正南朝向，结合地形适当变化，营造出丰富的小区空间景观环境。

　　区内交通采取环形路网，自由流畅，停车率为80%，较好地解决了居民的机动车停车问题。公共设施相对集中布局，配套齐全。小区以11层、18层、24层三种梯度的高层住宅级配组合，为小区规划提供良好基础，同时提供了较为多样的套型，满足市场需求。套型设计中公私、动静、洁污等基本做到分区合理，布局紧凑。厨房餐厅之间联系较紧密。套内各功能空间均有较好的日照、采光、通风等室内物理环境条件。阳台等户外空间位置适当，视野较开阔。

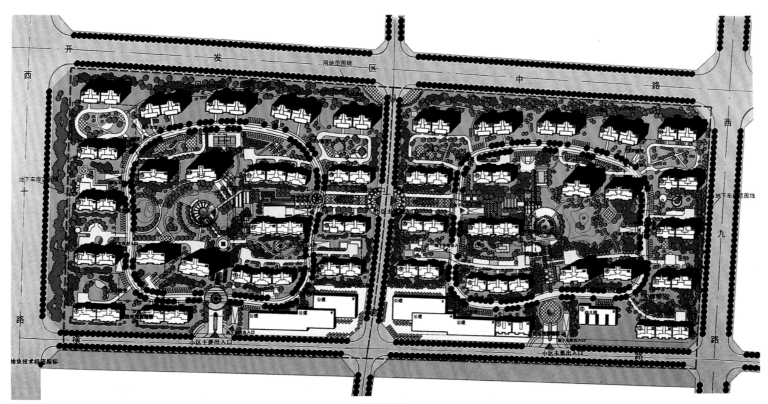

总平面图

上海台积电住宅区

项目地点：上海市
建筑设计：ANS国际建筑设计与顾问公司
主设计师：蔡磊、范琼、陈峰、程文杰
家庭式公寓
占地面积：168 000 m²
总建筑面积：115 994 m²
单身公寓
占地面积：23 000 m²
总建筑面积：27 474 m²

项目位于上海市松江高科技园区文翔路、辰塔路交会处。该项目是占地面积约19万 m²综合住宅项目的第一期。建设内容为限高19.5 m的低层建筑。设计目标是为台湾积体电路制造股份公司的单身管理阶层和有着管理人士设计一个综合住宅居住区。

项目（一期）内容包括公寓建筑，位于基地中央，绕公园和湖水而建。一条环路作为项目的设计要点之一，将公寓建筑与南部的主要入口连接起来。居住小区设计有一个活动区域，位于中央公园的南部。行道树成为自然绿化的一部分。建筑风格现代、简洁，采用当地色彩。建筑房型符合台湾人的居住习惯，景观的设计增加了居住环境的舒适度。

总平面图

铜陵万泰翡翠城

项目地点：安徽省铜陵市
建筑设计：安道（香港）景观与建筑设计有限公司
占地面积：198 200 m²

　　万泰翡翠城位于铜陵新区中心宝地，东临石城大道，南靠铜芜路，北接新区面积约40万 m²的大型中央公园，铜陵学院新区及法院近在咫尺。小区共规划2 000余户精品住宅，拥有多联别墅、多层、小高层、高层及铜陵首屈一指的活动中心等多元建筑形态，形成了一组丰富、律动的城市天际线。

广州保利·香雪山

项目地点：广东省广州市萝岗区科学城
建筑设计：广州瀚华建筑设计有限公司
占地面积：224 125 m²
总建筑面积：296 044 m²

　　项目由两个地块构成，既定的规划路把小区分为南北两个相对独立的区域。南地块设计为小高层洋房区，北地块以低层双拼别墅为主。

　　户型设计遵从实用、舒适性原则，通过"黑"（建筑）与"白"（院落）的适度配置，使住户有更多的室外或半室外的空间感受。洋房以一梯两户的板式小高层为主，突出其通风采光好的特点，并获得较高的实用率。别墅部分巧用心思，利用"L"形态的咬合关系尽量节省土地，留出更多的前、后花园和侧花园。半围合结构为每户创造出独立的天地（客厅、餐厅围合出庭院），并有效地减少了侧向干扰。

　　立面设计通过虚与实、面与线、深与浅的对比，形成个性鲜明、简约而不失细节的外观效果，不做过多装饰，让住宅回归生活的本质。

总平面图

广州万科城市花园

项目地点：广东省广州市黄埔区大沙地东路
建筑设计：广州瀚华建筑设计有限公司
合作设计：兴业建筑师国际有限公司
占地面积：136 519 m²
总建筑面积：316 887 m²

　　本设计吸取新城市主义的先进理念，突出人本思想，强调设计个性，旨在创造一个有活力、富有时代感、可识别性强的城市花园住宅社区。

　　在地块东面布置的带形商业广场将人流引入区内，并成为周边街区的空间节点和社区"场所精神"的载体。一条绿色生态景观主轴贯穿整个小区，沿两侧设置散落的茶坊、古玩店和花店等，末端为会所和文化活动中心，共同构成小区内的情趣空间。

　　住宅首层安排住宅大堂，并局部或全部架空为绿化带及活动场所。入口大堂的围合采用落地玻璃窗和玻璃门，并适当设置构件小品，将室外绿化延伸拓展入室内。绝大部分主厅房设计为南向或围绕中央绿轴布置。转角户型的特殊设计保证了最佳的户内朝向与景观效果，同时尽可能避免对视与死角。住宅立面强调雕塑感和线条感，散发出强烈的现代气息。

佛山海琴湾花园

项目地点：广东省佛山市顺德区
开发商：粤鸿基房产有限公司
占地面积：53 365 m²
总建筑面积：190 000 m²
绿化率：35%

　　海琴湾花园位于顺德大良新桂中路与云良路交界处，坐拥桂畔海一线江景和桂畔海长堤公园。海琴湾由粤鸿基房产有限公司精心开发建设，占地面积53 365 m²，总建筑面积190 000 m²，是由23栋高度不同、错落有致的楼宇组成的大型高尚文化社区。海琴湾以健康、环保、科学为规划理念，既符合采光、采景和通风的健康居住要求，又能为业主创造亲密的交流平台；同时把欧陆建筑文化、水岸居住文化精髓和音乐艺术文化表现得淋漓尽致。

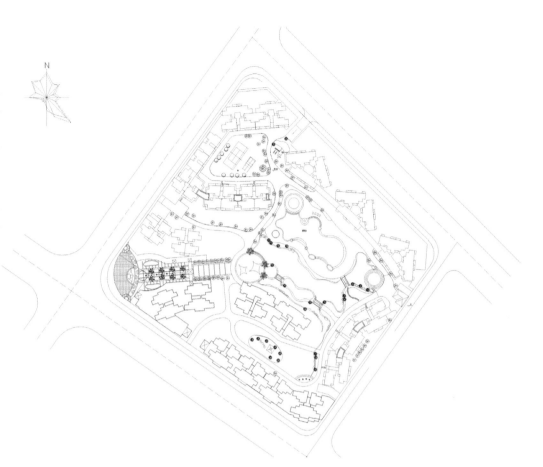

广州利海.托斯卡纳(二期)

项目地点：广东省广州市白云区同和镇
建筑设计：广州瀚华建筑设计有限公司
占地面积：32 300 m²
总建筑面积：62 036 m²

本项目总体呈东西走向的长方形，有利于小区住宅的南北向布局。用地东侧与白云山麓相临，北面为区内小学用地，南、西面为已建小区，环境安静，空气清新。小区在南、北面设主要入口。通过小区周边环路，在北面设两个地下车库出入口，令小车进入小区即可导入地下车库，人车自然分流。

立面形式采用意大利式风格，采用架空层、凸窗台、落地窗及假阳台的形式，空调机位加百叶修饰，屋顶为坡屋顶。建筑造型新颖独特，立体感强，色彩配搭明快，能很好地烘托出整个小区高尚、雅致的气氛。小区内布置了丰富的绿化与水体，以多变的中心绿化空间、绿化架空层的设置，营造出充满生气、优雅宁静的居住环境。

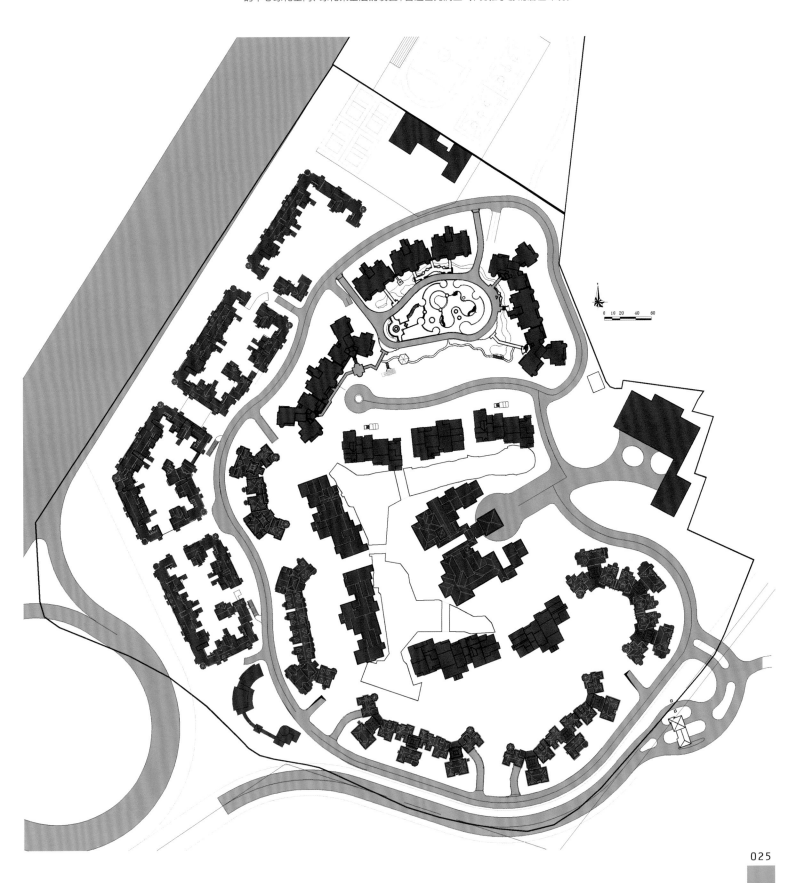

广州南国奥林匹克花园雅典区

项目地点：广东省广州市番禺区汉溪大道
建筑设计：广州瀚华建筑设计有限公司
占地面积：133 823 m²
总建筑面积：118 115 m²

　　雅典区由4~6层一梯两户组成，位于南国奥林匹克花园的中心区域，是整个小区的制高点，紧邻区内的高尔夫球场。设计师以人性化的居住理念和最前沿的建筑科技，构筑了一个多元化及环保时尚的居住社区。总体布局上，结合自然坡地现状采用灵活有序的流线型布局，其圆形的规划设计与雅典古广场吻合，营造出古朴庄重的氛围。通过建筑围合形成六处不同风格形式的绿化花园并使之有机地流动联系，使得户户有景，时时处处营造温馨祥和的气氛。户内厅房方正，跃式处理使动、静分区合理清晰。立面造型力求以现代手法表达古典美。屋面以灰黑色挂瓦为主，结合屋面绿化平台及构造，典雅而富有生机。

广州南沙滨海半岛花园

项目地点：广东省广州市南沙区南沙经济开发区环岛西路
建筑设计：广州瀚华建筑设计有限公司
占地面积：175 224 m²
总建筑面积：173 993 m²

　　本项目位于广州南沙蕉门河沿岸，京珠高速公路以北地块（JMA1901）。为减少道路噪声的干扰，用地东侧首层裙楼布置临街商业，其上为小高层住宅；南侧首层为商业，2~5层为独立办公楼；其余地块布置别墅。在住宅用地中，以水系把住宅划分成若干半岛，每个半岛为一个组团，使组团内的别墅拥有优美的水景。

　　绿化设计主要以中央人工湖为主，小品、广场及水景互相衬托，以营造一个环境优美的园林景观环境。植物主要以常绿植物为主，大面积种植草坪、大椰树、细叶桉及白玉兰等岭南特色的树木。除了中央人工湖，小区内建筑物以外的开敞空间都尽量设计成绿化用途。

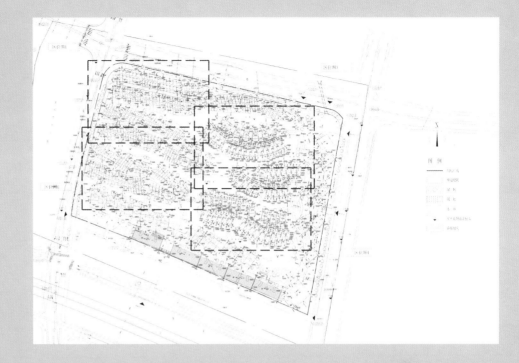

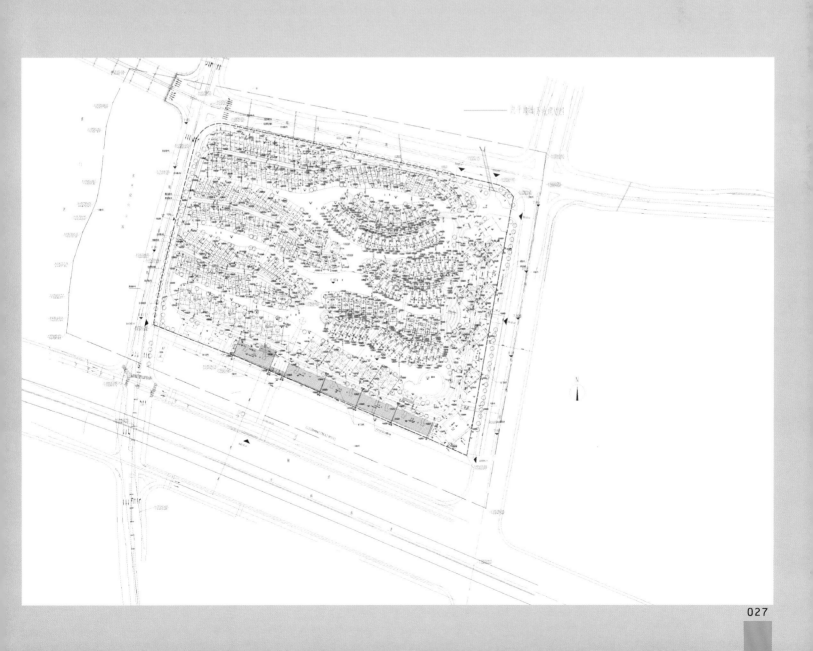

泉州西湖豪庭

项目地点：福建省泉州市
开发商：香港南益地产集团
　　　　泉州南明置业有限公司
景观设计：科美东篱(澳洲)建筑景观公司
占地面积：54 447 m²
总建筑面积：114 189 m²

泉州西湖豪庭雄踞西湖畔，望湖赏园观北山，周边华侨博物馆、闽台缘博物馆、泉州古城，泉州一中、泉州第三实验小学等众多学府环绕，人文气息浓厚；门前交通便利，依托沃尔玛的人气及江滨优美的环境，项目周边更将成为泉州未来最具人气的高档休闲购物区。

该项目依湖而建，所有户型布局沿湖面展开，全线广阔湖景，别墅、高层、小高层相互依托、布局合理，中庭2 000 m²休闲广场更添生活意趣。西湖豪庭以简约风格重新诠释泉州传统红色斜屋顶的典雅风韵；智能化刷卡电梯，通过双向门控制直接将客户引入私家花园；连通客厅、餐厅、书房及主卧的廊桥设计，将室内各功能区有机分离；卧室朝南，落地玻璃景观台及大型生态阳台揽景入室；小区实行全封闭式管理，24小时保安巡逻，多种家政服务让西湖豪庭业主生活无忧。

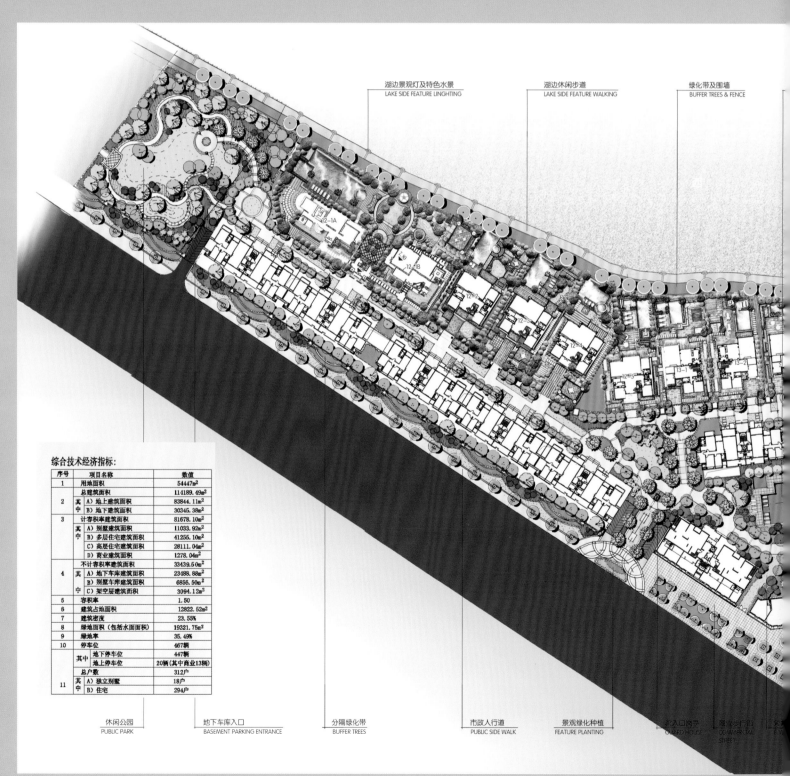

综合技术经济指标：

序号	项目名称		数值
1	用地面积		54447m²
2	总建筑面积		114189.49m²
	其中	A) 地上建筑面积	83844.11m²
		B) 地下建筑面积	30345.38m²
3	计容积率建筑面积		81678.10m²
	其中	A) 别墅建筑面积	11033.92m²
		B) 多层住宅建筑面积	41255.10m²
		C) 高层住宅建筑面积	28111.04m²
		D) 商业建筑面积	1278.04m²
4	不计容积率建筑面积		33439.50m²
	其中	A) 地下车库建筑面积	23488.88m²
		B) 别墅车库建筑面积	6856.50m²
		C) 架空层建筑面积	3094.12m²
5	容积率		1.50
6	建筑占地面积		12822.52m²
7	建筑密度		23.55%
8	绿地面积(包括水面面积)		19321.75m²
9	绿地率		35.49%
10	停车位		467辆
	其中	地下停车位	447辆
		地上停车位	20辆(其中商业13辆)
11	总户数		312户
	其中	A) 独立别墅	18户
		B) 住宅	294户

湖边景观灯及特色水景
LAKE SIDE FEATURE LINGHTING

湖边休闲步道
LAKE SIDE FEATURE WALKING

绿化带及围墙
BUFFER TREES & FENCE

休闲公园
PUBLIC PARK

地下车库入口
BASEMENT PARKING ENTRANCE

分隔绿化带
BUFFER TREES

市政人行道
PUBLIC SIDE WALK

景观绿化种植
FEATURE PLANTING

入口岗亭
GUARD HOUSE

周业商片街
COMMERCIAL
STREET

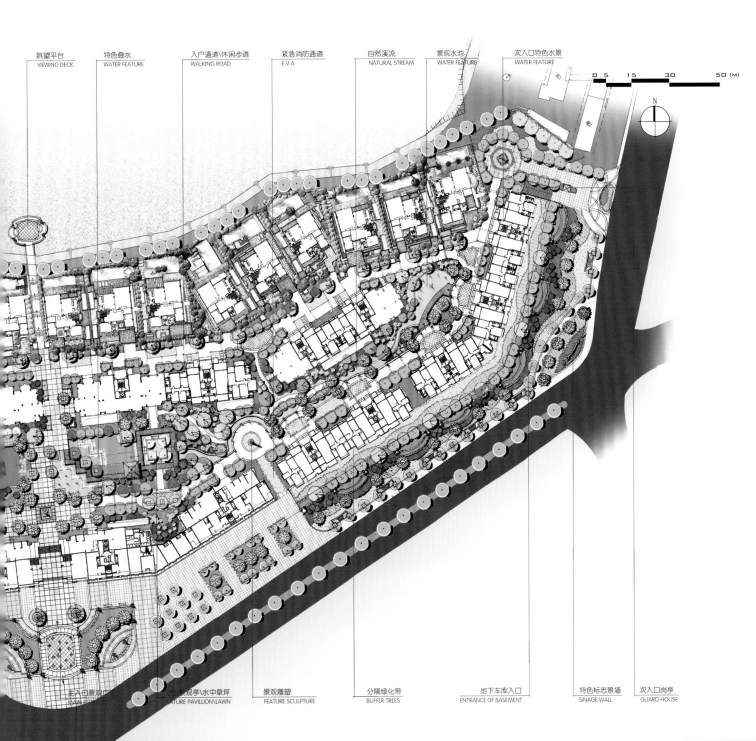

眺望平台
VIEWING DECK

特色叠水
WATER FEATURE

入户通道\休闲步道
WALKING ROAD

紧急消防通道
E.V.A

自然溪流
NATURAL STREAM

景观水池
WATER FEATURE

次入口特色水景
WATER FEATURE

0 5 15   30   50 (M)

主入口景观广场
MAIN ENTRANCE

景观亭\水中草坪
FEATURE PAVILLION\LAWN

景观雕塑
FEATURE SCULPTURE

分隔绿化带
BUFFER TREES

地下车库入口
ENTRANCE OF BASEMENT

特色标志景墙
SINAGE WALL

次入口岗亭
GUARD HOUSE

深圳半岛城邦

项目地址：广东省深圳市南山蛇口片区东角头
开发商：深圳南海益田置业有限公司
设计委托方：深圳益田房地产有限公司
占地面积：50 000 m²
总建筑面积：180 000 m²

项目位于深圳市南山区蛇口片区东角头，北靠蛇口山公园，东南面向深圳湾，隔海与香港的大屿山和元朗地区相望，西南面是开阔的南海，正西面是蛇口渔港码头。

一期共有八栋住宅，每栋住宅的主入口均设在南侧。每栋楼户型均设计有直接面向大海的客厅、卧室和阳台，以获得直接的海景。复式住宅都位于每栋楼的顶层。户型的分割有很大的余地，提供将三房或两房改为四房的可能性。所有塔楼都以椭圆为母题，平面为椭圆组合或蝶形，底色为蓝色的环状玻璃分格。建筑物立面通过玻璃窗体和有韵律的圆环，形成透明的视觉特征。地上首四层的圆弧横梁加大尺度，强化建筑物基座的体量感。顶层复式住宅略往后退，从而屋顶花园就获得足够的空间，同时复式住宅屋顶结合海景主题作了相应的特殊处理。

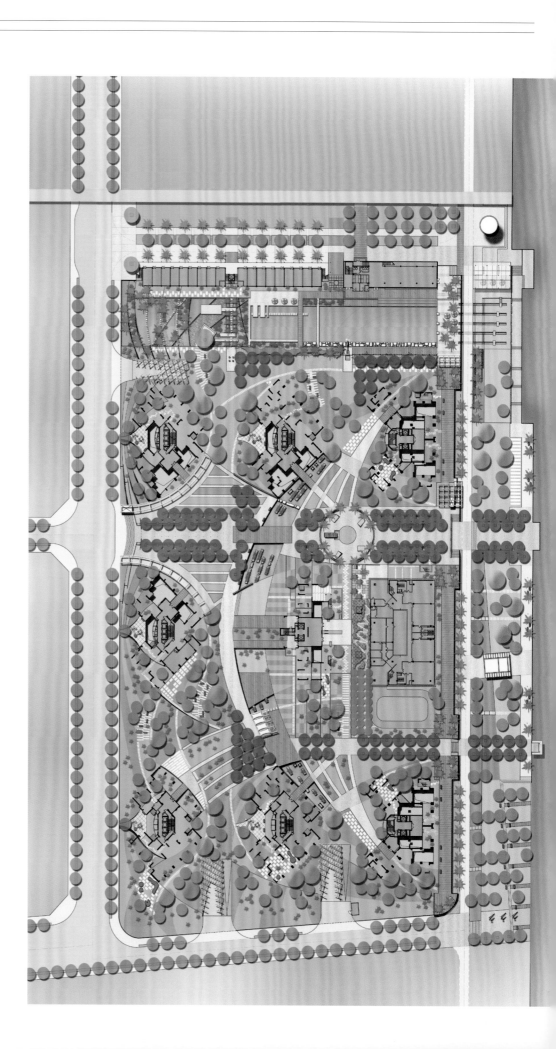

杭州杭政储出(2006)

项目地点:浙江省杭州市九堡镇
开发商:杭州蔚城置业有限公司
占地面积:48 084 m^2
总建筑面积:140 608.84 m^2

　　项目为位于九堡地铁边的高层物业,交通配套齐全,地铁1号线、公交、客运中心近在咫尺。项目总建筑面积约14万 m^2,"中国结"式的整体规划,围合双主题中心庭院面积约12 000 m^{2}的阳光与绿意。同时,开阖有序的总体布局,构建出自由穿行的人行、车行系统和公共开放场所。

　　建筑为层板式高层住宅,采用新古典主义和现代理念相结合的设计手法,将经典美感与现代建筑的简洁大气兼容并蓄,使楼盘呈现出时尚典雅的独特气质。一梯两户的单元式住宅全明通透且户户见景,建筑面积为80～130 m^{2}的户型多样化,每户均带多个飘窗、挑高露台和大阳台,其中,阳台作为附加可变空间。

北京世纪城（二期）

项目地点：北京市
建筑设计：广州瀚华建筑设计有限公司

　　该小区属于低密度社区，建筑朝向为西南向，户型格局方正，阳光非常充足。社区内开辟多块大面积的集中绿地，除亭台楼榭，还建有一个大型的体育会馆，同时也布置保龄球馆、健身房、游泳池、网球场等各种运动休闲设施。

合肥望湖城桂香居

项目地点：安徽省合肥市
开发商：安徽皖投置业有限责任公司
规划/建筑设计：上海现代建筑设计（集团）有限公司
景观设计：深圳市朗石园林设计工程有限公司
总建筑面积：360 000 m²
容积率：2.53
绿化率：40%

项目位于机场路与祁门路交会处向东
100 m。优越的地理环境加上精心的规划与营
造，使该小区成为一个开窗见绿、耳听鸟鸣的绿
色生态型小区。

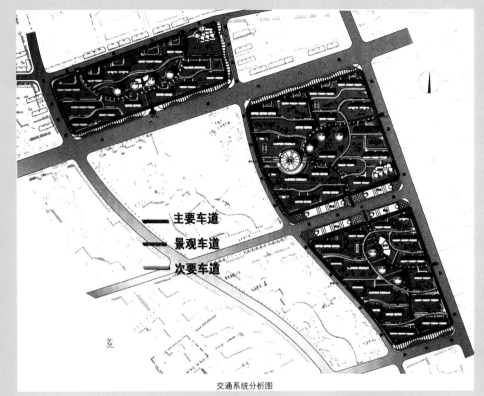

主要车道
景观车道
次要车道

交通系统分析图

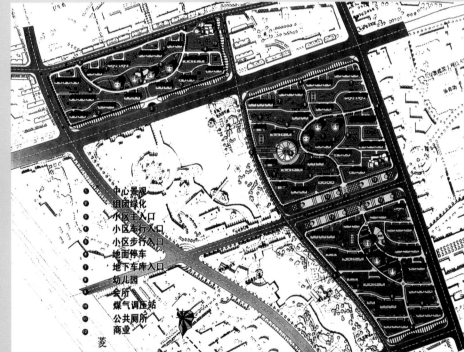

1 中心景观
2 组团绿化
3 小区主入口
4 小区车行入口
5 小区步行公入口
6 地面停车
7 地下车库入口
8 幼儿园
9 会所
10 煤气调压站
11 公共厕所
12 商业

杭州万科草庄

项目地点：浙江省杭州市
开发商：浙江万科南都房地产有限公司
建筑设计：A.A.I国际建筑事务所（加拿大）
景观设计：澳大利亚普利斯设计集团公司
占地面积：37 000 m²
总建筑面积：116 000 m²

万科草庄坐落于杭州机场路草庄公园南侧，毗邻城东新城，距武林广场约7 km。既享城东新城之繁华璀璨，又揽草庄公园面积约2.5万 m²生态长卷，以崭新的城市公园住区，开启一个新的人居时代。万科草庄总建筑面积约11.6万 m²，九座Art Deco经典高层建筑，仿若自然生长于草庄公园与园区花园之间。整个项目倾心缔造每户88 m²、200 m²、230 m²建筑面积不等的精装奢适尊邸，划定城东新城品质人居全新刻度。

万科草庄秉承了草庄公园的景观天赋，倾心缔造Art Deco风格新艺术邻里花园。高低错落的水钵跌水水景、优雅的开放式草坪、乔木下细节而丰富的装饰凉亭以及开阔的圆形中心广场等景观元素，将装饰艺术与自然休闲充分地融合，营造尊贵精致、舒适安逸以及充满活力趣味的装饰主义景观感受，完美地体现了居住环境的高尚和价值感。

增城东方名都

项目地点：广东省增城市新塘镇
建筑设计：广州瀚华建筑设计有限公司
占地面积：123 200 m²
总建筑面积：428 477 m²

　　项目开发定位为高尚住宅社区，并力求成为该地段的标志性建筑。高层住宅呈开放式圆形布局，令小区有较好的围合感，沿东、南侧规划路布置公建配套及临街商铺。在小区中央布置向西南敞开的开放式立体园林空间，通过架空层绿化、错落的高差处理、广场及泳池的互相衬托，营造出优美的景观环境。

　　建筑体型由南向北逐级抬高，丰富了整个建筑群体的天际线，流线型组合的外轮廓线大方而飘逸。绝大部分住宅南北通透，争取尽可能多的南面朝向和庭院景观。立面为现代主义风格，采用了架空层、凸窗台、落地窗及景观阳台的形式，空调机位均以百叶加以修饰。建筑造型立体感强，外墙配色明亮轻快。

N

SMALL HIGH-RISE RESIDENTIAL BUILDING

小高层住宅

Broken line

折　线　　038-113

杭州绿城蓝庭

项目地点：浙江省杭州市
开发商：杭州余杭金腾房地产开发有限公司
建筑设计：美国DDG、绿城东方设计公司
景观设计：香港雅卓信国际公司
占地面积：431 298 m²
总建筑面积：760 000 m²

　　绿城蓝庭项目地处杭州市余杭临平城北开发区西南侧，位于320国道以南约350 m，临平山以北约500 m的区域。项目周边环境优美，北侧与茅山相临，南面可遥望临平山，既观山又近水，自然景观资源优越。总规划占地面积431 298 m²，总建筑面积约76万 m²。

　　绿城蓝庭项目采取南低北高的规划布局，星河路以东为高层、小高层公寓，星河路以西以排屋和多层公寓为主，局部设置小高层电梯公寓。绿城蓝庭东区总体布局采取庭院式的围合布局，采用围合、半围合的空间形式、错落有致的楼间关系，并辅以适当的半封闭围廊，以加强院落套院落的围合感，从而提高住户的安全感和私密性。绿城蓝庭东区以板式、点式、跌落退台式等多种建筑形态构成，建筑以12层以内的小高层为主，北面个别楼达到15~16层。

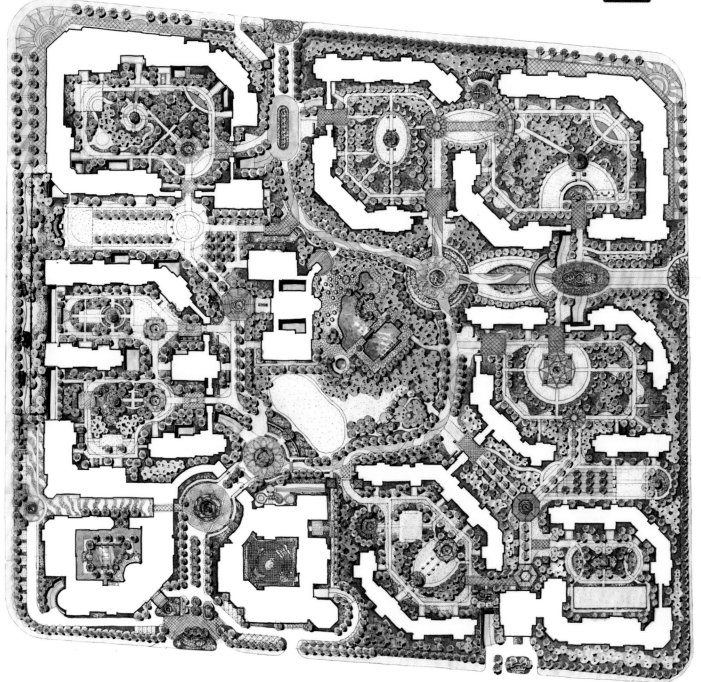

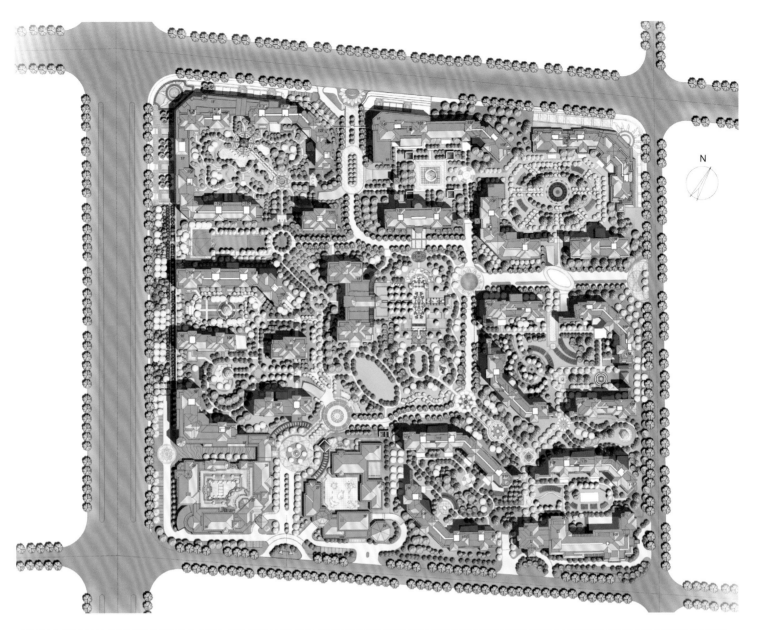

N

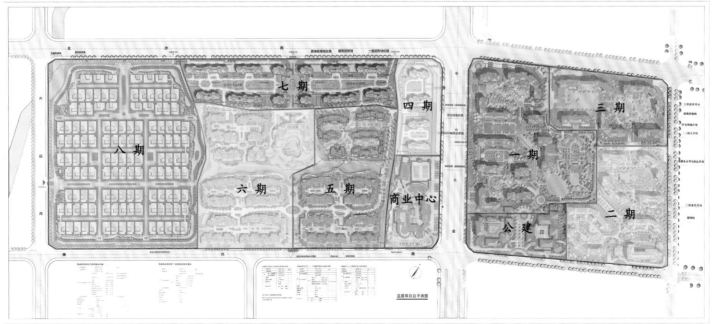

七期

四期

三期

八期

一期

六期 五期

商业中心

公建 二期

蓝庭项目分期总平面图

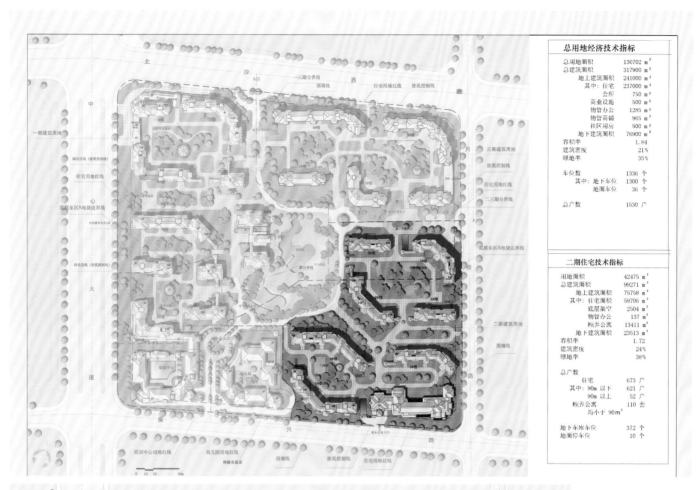

总用地经济技术指标	
总用地面积	130702 m²
总建筑面积	317900 m²
地上建筑面积	241000 m²
其中：住宅	237000 m²
会所	750 m²
商业设施	500 m²
物管办公	1285 m²
物管商铺	965 m²
社区用房	500 m²
地下建筑面积	76900 m²
容积率	1.84
建筑密度	21%
绿地率	35%
车位数	1336 个
其中：地下车位	1300 个
地面车位	36 个
总户数	1530 户

二期住宅技术指标	
用地面积	42475 m²
总建筑面积	99271 m²
地上建筑面积	75758 m²
其中：住宅建筑面积	59706 m²
底层架空	2504 m²
物管办公	137 m²
颐养公寓	13411 m²
地下建筑面积	23513 m²
容积率	1.72
建筑密度	24%
绿地率	38%
总户数	
住宅	673 户
其中：90m 以下	621 户
90m 以上	52 户
颐养公寓	110 套
均小于 90m²	
地下车库车位	372 个
地面停车位	10 个

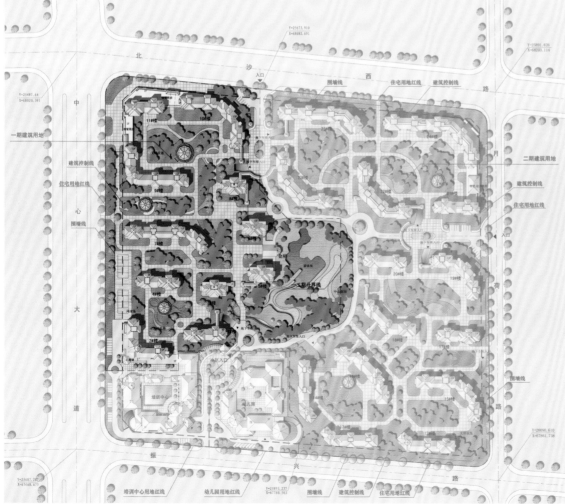

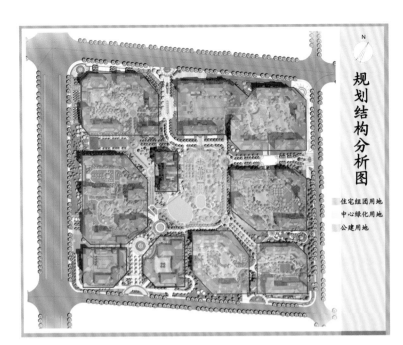

规划结构分析图

住宅组团用地
中心绿化用地
公建用地

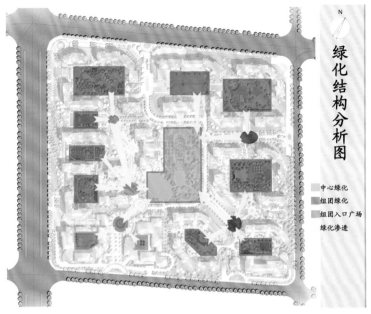

绿化结构分析图

中心绿化
组团绿化
组团入口广场
绿化渗透

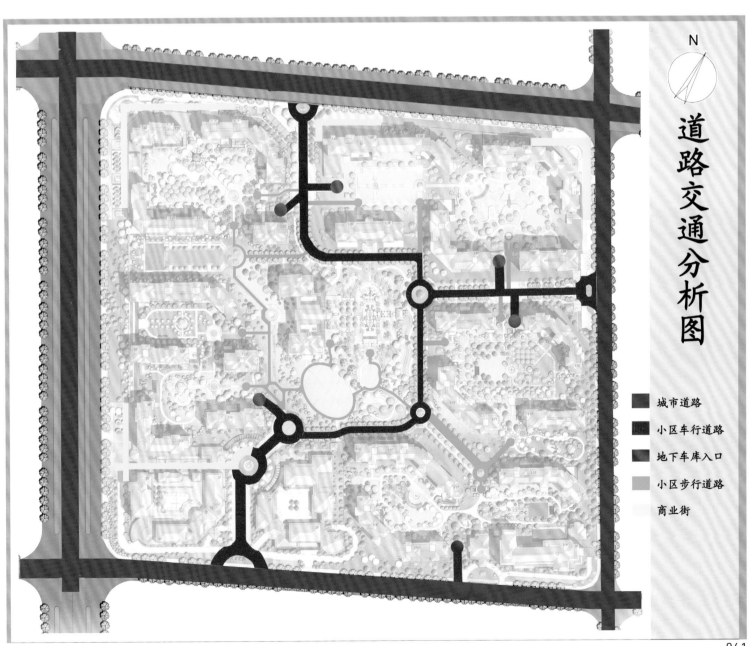

N

道路交通分析图

城市道路
小区车行道路
地下车库入口
小区步行道路
商业街

西安逸翠园

项目地点：陕西省西安市
开 发 商：和记黄埔地产（西安）有限公司
景观设计：EDAW易道公司
建筑设计：陈世民建筑师事务所有限公司
占地面积：644 688 m²
建筑面积：250 000 m²

　　逸翠园位居西安市高新开发区二次创业CBD核心区，毗邻未来的高新区行政中心。完善的交通网络及商业设施，使往来各主要商务区转瞬即达。逸翠园是香港和记黄埔地产集团在西安打造的首个Boutique Residence 国际时尚生活文化精品住宅项目。逸翠园项目总建筑面积逾106万 m²，一期建筑面积约30万 m²。

　　逸翠园项目一期由建筑大师陈世民先生悉心规划，数十种精心设计的户型迎合不同人士的尊尚需求。除精致实用的标准户型之外，更设有Town House及复式首层带花园及顶层连空中花园等多种户型选择。大型尊贵会所"逸翠会"为业主提供全面的会所设施，无论个性是动是静，均能满足不同喜好。功能馆、逸之源、伊甸园、童话园、大班廊五大功能区，令住客尽显Boutique时尚品位及尊华；室内外游泳池、桌球室及健身室、尊尚影院、儿童乐园、儿童艺术廊、室内多功能竞技馆等25个顶级设施，动静间将生活擢升到至高境界。

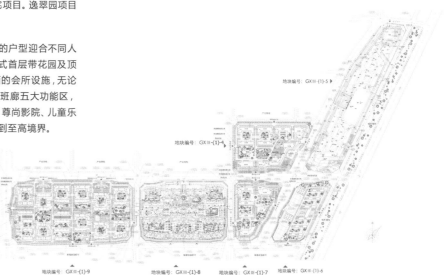

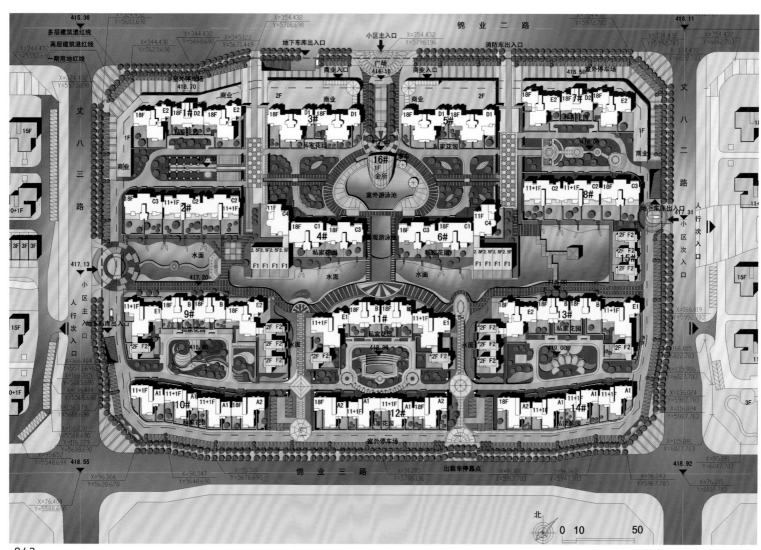

佛山大沥万科金域华庭

项目地点：广东省佛山市南海区大沥镇
开发商：佛山市南海区万科金域华庭房地产有限公司
投资商：佛山市万科投资有限公司
建筑设计：中天建筑集团有限公司
占地面积：75 900 m²
建筑面积：238 900 m²

佛山大沥万科金域华庭，位于大沥新城核心地段，紧邻大沥镇政府、金融商贸区、大沥网球中心及游泳馆等，扼大沥、禅城、狮山三地交会中心，325国道、321国道、广三高速、广佛新干线迅速通达广佛核心区域，交通便捷。万科金域华庭占地面积7万 m²，规划约1 000户，秉承万科25年专业开发经验，倾力打造大沥首席豪宅，并以其高品质的产品赢得大沥人的良好口碑。万科金域华庭规划设计源自于"新城市主义"所倡导的许多独特的设计理念，采用半围合式建筑规划，使社区既具公关开放性，又具私密性。

在空间设计上，万科金域华庭采用现代科技的手段，从实现健康人居生活出发，强调建筑的通透性，保持建筑本身的大尺度与大采光面。大部分户型均采用了大面宽、小进深、多面窗、多层阳台空间花园和露台花园的设计，使居室清新空气源源不断。而自然能源建筑的生态科技应用，让每一栋建筑都能保持冬暖夏凉的最适宜生活的状态。

万科金域华庭的极致星级亚洲SPA泰式园林，由全球权威新西林景观国际（SED）担纲设计，充分体现了"相地合宜，构园得林"、前庭院、后园林"院、亭"融合一体的泰式园林特色，泰式塔楼、摇曳的棕榈树、高贵的香樟树……所有的细节打造，让居住者入眼皆景。在SPA泰式园林的禅心妙境中感悟生活，在宁静闲适的花木园雕中启迪人生。

小区采用半围合式建筑规划，旨在相对有限的景观面积中营造精致、变化的空间形态。利用丰富的空间元素、局部庭院抬高矮墙和构架的灵活运用，形成半私密性院落空间。在建筑设计中大量融入水的元素，使庭院的水流曲曲折折、高高低低、深深浅浅，在阳光下闪烁着柔和的质感。其有面积约1 000 m²的椰林游泳池、大面积的荷花池、曼妙风情的泰式凉亭等。亚洲SPA水景的多样形态与原创泰式园林的完美糅合，处处椰林水影，使园林空间极致灵动。

在户型上，以建筑面积为150~290 m²的三、四房小高层洋房为主，休息、起居、休闲娱乐等功能空间层次分明、动静结合。简约、典雅的设计对居住需求的满足恰如其分，格局方正，部分户型的室内装修有中西厨房的设计，引领了家居新生活风尚。

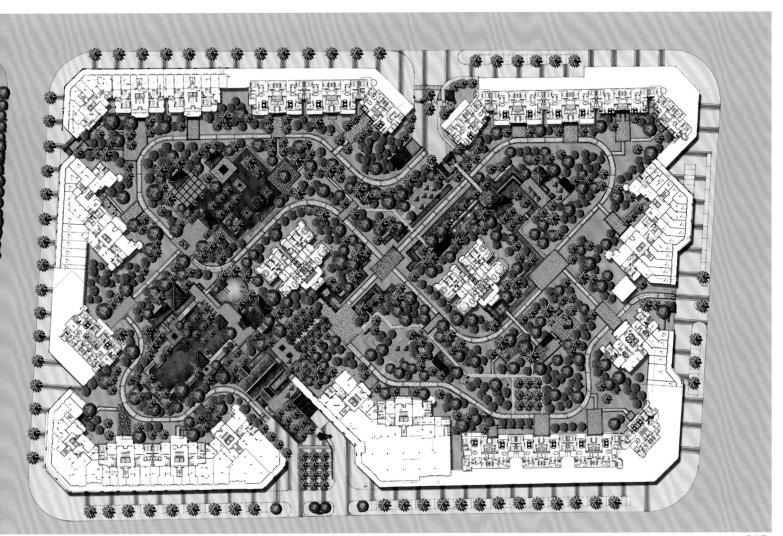

广州华南农业大学公寓楼

项目地点：广东省广州市
建筑设计：华南农业大学建筑设计
占地面积：13 860 m²
总建筑面积：52 668 m²

华南农业大学公寓楼位于五山东延线和紫荆路的交会地带，总占地面积为13 860 m²，总建筑面积为52 668 m²，容积率为3.8。项目总体的功能布局结构在满足功能使用的前提下以绿色的平台为界面，将整个建筑分为上下两个部分。下部分安排商业配套功能，这些功能单元有人流和物流量大，使用频率高，追求高效率等特点，上部分的安排满足其对于景观、日照、噪声等条件要求，中间宽敞的活动空间为居住者提供了开敞、幽静宜人的室内外活动场所。

项目在建筑的入口处通过建筑中轴线和广场节点设置引入式的景观大道，从而形成景观主轴线，透过灰色空间视线渗透到建筑的内部。同时在公寓之间形成半围合的内庭院，给给人们足够的休憩空间。广场和内庭处理主要以硬化铺地为主，局部点缀景观小品和绿化植被，通过材质各异铺地形成简洁明快的图案构成，独具匠心的雕塑小品的点缀放置和品种丰富且疏密有序的植物穿插种植，把建筑融入到周围的环境中去，从而营造出简洁、幽静的景观特点。

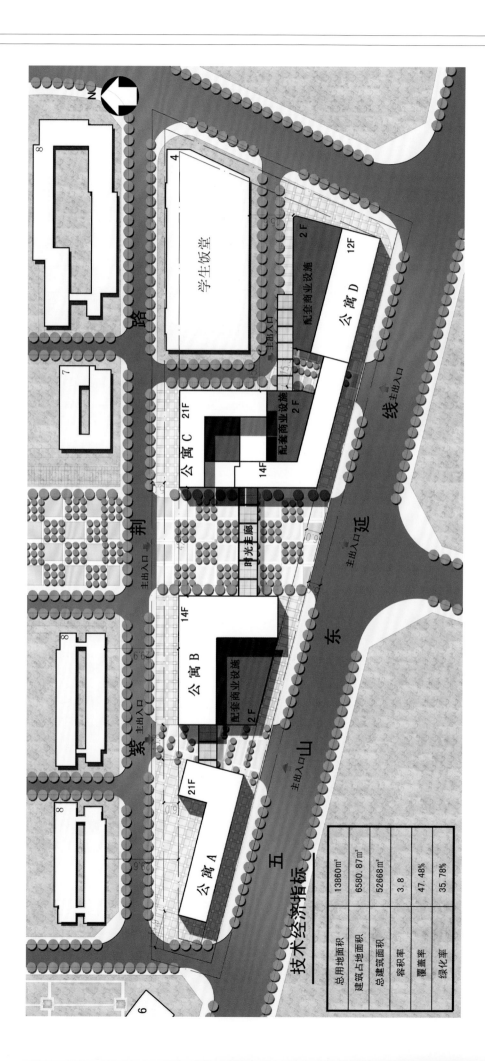

技术经济指标	
总用地面积	13860m²
建筑占地面积	6580.87m²
总建筑面积	52668m²
容积率	3.8
覆盖率	47.48%
绿化率	35.78%

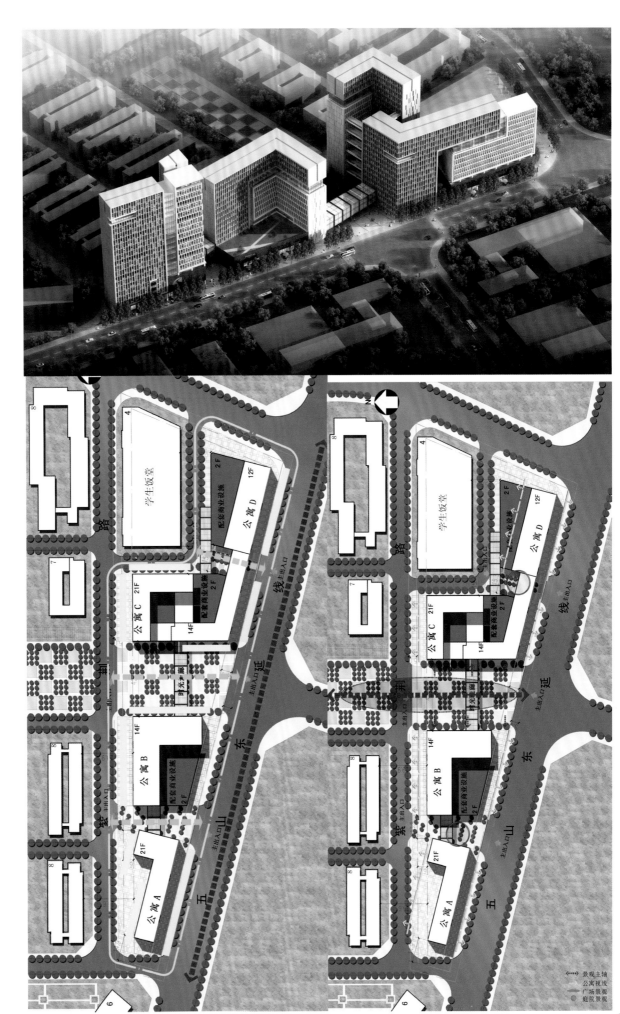

消防环道
消防出入口
消防登高面
城市主干道

鄂尔多斯时代财富商城

项目地点：内蒙古自治区鄂尔多斯市
开发商：内蒙古文明房地产开发有限责任公司
建筑设计：加拿大宝佳国际
占地面积：128 707 m²
建筑面积：315 154.38 m²

鄂尔多斯时代财富商城位于内蒙古鄂尔多斯市鄂尔多斯大道的西北、西经一路的东北、西纬九路的东南，项目总占地面积为128 707 m²，净用地面积为84 812 m²，代征用地面积为43 895 m²。项目总建筑面积为315 154.38 m²，其中一期住宅147 510 m²，本项目工程167 644.38 m²。结构布局为地上商场4层、公寓12层、酒店及办公楼11层，地下规划为3层。整个项目的建筑高度为高层部分为44.95 m，裙房部分为9.95 m。项目建成后将成为区域内重要的商业综合体。

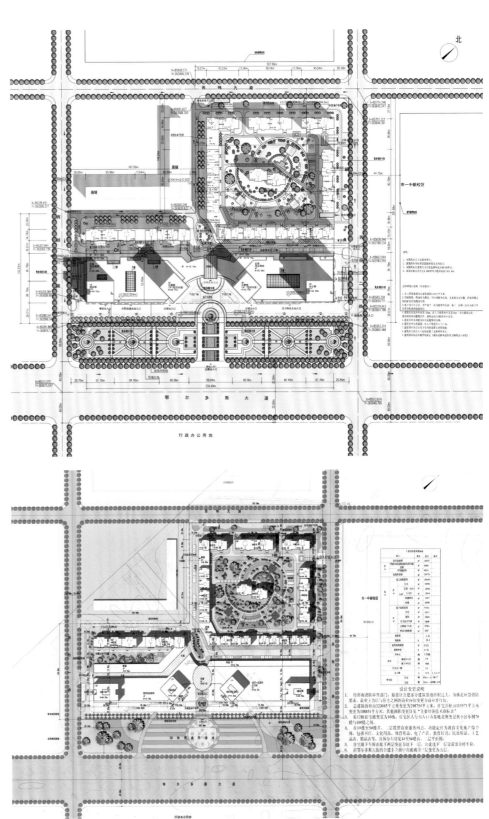

襄樊华立凤凰城

项目地点：湖北省襄樊市
开发商：华立集团
建筑设计：美国DF国际建筑设计有限公司
占地面积：89 757 m²
总建筑面积：202 277.7 m²

　　华立凤凰城位于襄樊市春园东路，总建筑面积约20.23万 m²。项目由41栋多层、小高层和高层住宅组成，其中6层的多层14栋、11层的小高层21栋、17层的高层6栋，并配套建设有商场、商业门面、幼儿园、大型会所、公厕、地下车库等设施。从楼层布局上看，沿滨水公园由近到远、从低到高分布，可最大限度地保证观赏近景的均好性。这种阶梯式的布局，层次分明，错落有致，颇具美感。

　　在多层花园洋房的布局上，采用层层退台的设计，让大部分套型都获得了独特的居住附加值。位于一层的房子普遍带有私家庭院甚至私家绿化车位，位于二层的房子普遍带有免费附送的观景露台，三层和四层的黄金楼层面积尺度适中，布局合理，而且许多房子都带有储藏室、衣帽间，非常人性化；五层颇具性价比，而且观景效果不错；六层则普遍附送两个露台，很多房子附送露台的面积都多达25 m²以上，而且通透性更好，成为优势户型。

　　项目的小高层既有两梯多户的小公寓，又有一梯四户带观景电梯的小两房和小三房，还有一梯两户南北通透、阶梯式布局、采光观景面倍增的豪华大套房，可以充分满足各种层次人士的需求和喜好。

成都锦绣森邻

项目地点：四川省成都市
开发商：成都上实置地有限公司
建筑设计：山鼎国际有限公司（Cendes）
占地面积：63 937 m²
建筑面积：109 841 m²

　　锦绣森邻项目地处第六界花卉博览会的举办地——成都市温江区涌泉镇。项目位于光华大道北侧，距离二环路仅12分钟车程，南面和西面分别有30 m和50 m宽的绿化带与道路相隔，西邻"花博会"的主场馆，北望江安河，风景宜人，交通便利，适合居住。项目总占地面积12.3万 m²，预计将在三至五年之内形成成都代表性的高尚居住示范社区。设计师追求建筑与环境的融合、共生，充分体现"风景中的建筑"的特征，结合已经形成的公金路与光华大道绿带森林，将森林概念有机渗入整个园区。

　　锦绣森邻原创了"开放式退台花园洋房"，意味着锦绣森邻的洋房退台被移转到了围合之外，围合内外的景观相互呼应，均好、互动。"板式独栋小高层"散落布置在锦绣森邻最好的位置，一梯两户"独栋板式"结构的小高层电梯公寓，高低错落有致，每户三面采光，270度观景，保证小高层拥有绝佳的景观和视野。锦绣森邻洋房户型开创性地采用开放式退台设计，形成层层上退的格局。多花园露台设计，形成错落有致的观景面，入户花园、前花园、后花园、下沉式花园，阳光充足与自然无隙接触。采光半地下室可直接停车入户，享受别墅的私密与尊崇。墅式全景户型为生活开阔更多的阳光和视界，为居住者提供更具实用性的奢侈享受。

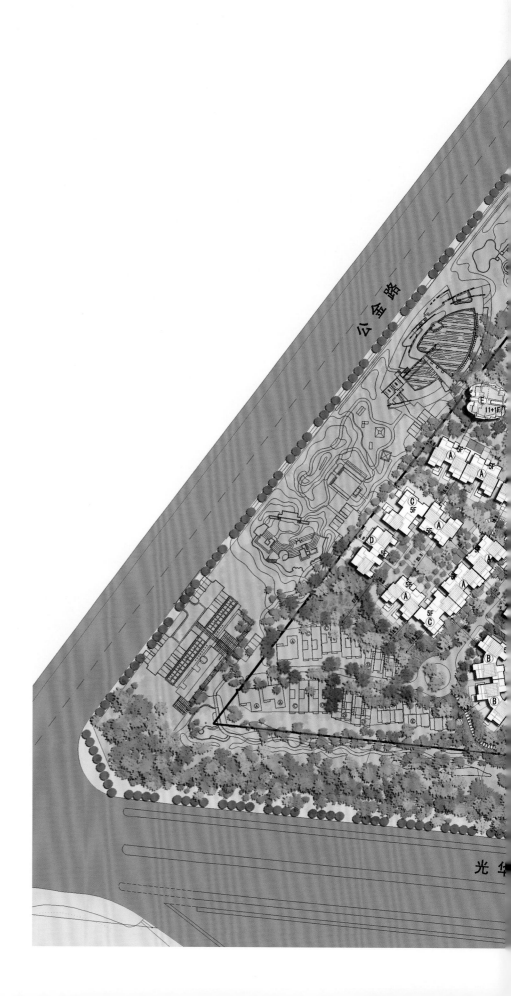

成都凯德风尚

项目地点：四川省成都市
开发商：成都信凯实业有限公司
建筑设计：山鼎国际有限公司（Cendes）
占地面积：110 667 m²
总建筑面积：603 000 m²

　　凯德风尚位于成都市城西新区。基地周围地势平坦，道路路网较方正，基地东面是成飞大道，南面为光华大道，西面和北面为规划道路，地理位置优越，将发展成为一个具国际水平之现代多元化生活居住区。用地面积为11万 m²，总建筑面积60.3万 m²，容积率为4.2。

　　规划布局以半围合为主，使社区分区明确。便于组团化管理。以科技和绿色环保为主题，以新加坡建屋局环保认证为设计目标，为西南地区最早提出的"绿色建筑"小区。该区域还与内光华、金沙片区纳入统一的整体规划，被政府定位为"金沙太阳城"，逐步发展为集商务中心、生活购物、医疗教育、文化休闲为一体的新兴高尚居住区。

井冈山云海观澜

项目地点：江西省井冈山市
开发商：吉安众诚房地产开发有限公司
建筑设计：北京市工业设计研究院
占地面积：32 096 m²
总建筑面积：157 393 m²

　　云海观澜项目位于井冈山老城区茨坪景区核心位置，坐落于国家5A级旅游胜地井冈山市茨坪旧城核心区。地块西南侧为井冈山冲水库，西侧为花坪路，北侧为省统计局培训中心。项目占地面积32 096.5 m²，规划总建筑面积157 393 m²，地上建筑面积128 065 m²，地下建筑面积29 328 m²，容积率3.99，绿化率32%，建筑密度31%，由一幢标准四星级酒店和八幢精装酒店式公寓及简装普通公寓组成。

　　云海观澜是众诚房产集多年房产经验的又一撼世力作。项目规划包括四星级酒店，酒店式精装、简装公寓，总建筑面积近16万 m²。项目首创文化气息浓郁的江南院落、园林景观、曲径通幽，在这里即可品味生活的惬意。

杭州百合公寓

项目地点：浙江省杭州市
建筑设计：浙江绿城建筑设计有限公司
景观设计：贝尔高林国际（香港）有限公司
总建筑面积：68 155.49 m²

项目是以四至五层的板式公寓为主，辅以少量一层两户的点式楼以及小高层、高层建筑的新古典主义风格的大型住宅社区。小区户型建筑面积从80 m²的二室二厅至270 m²的复式不等，共计有60余种户型，充分满足了个性需求。

园区绿化以大面积广场与带状绿地为主，辅以组团绿化，使整个园区景观浑然一体。根据建筑特点，人工营造的坡地园林景观效果，使景观更具自然和谐的美感。人车分流的设计最大限度地保证园区住户的安定感和私密性。

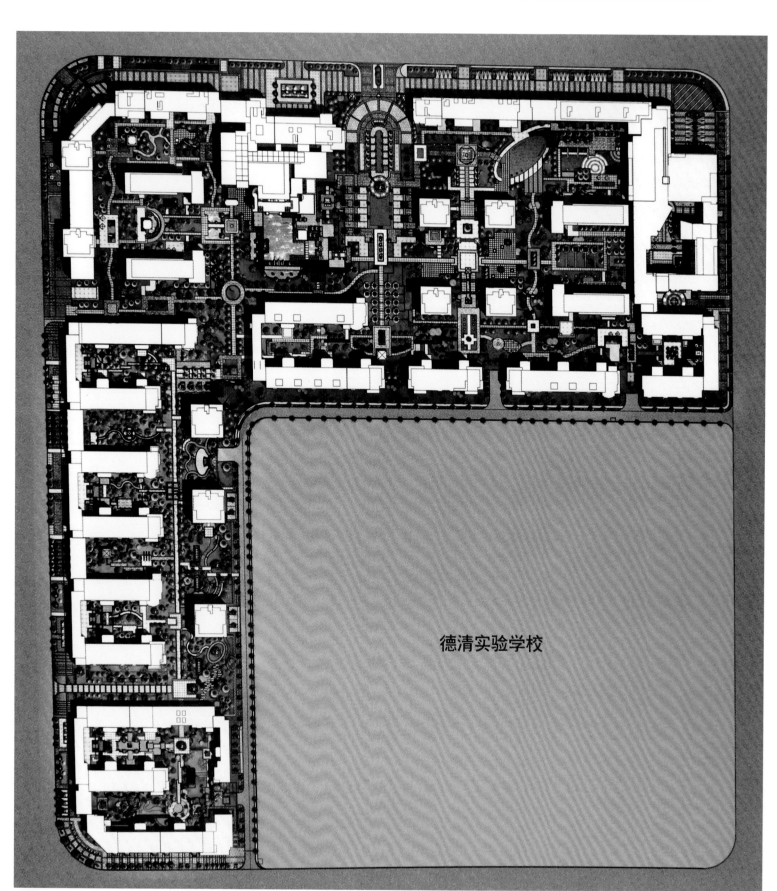

德清实验学校

北京时代尊府

项目地点：北京市
开发商：北京时代地产
景观设计：SED 新西林景观国际
占地面积：230 000 m²

北京时代尊府位于二环路以内，紧邻长安街、西二环复兴门桥、宣武门西大街，处于北京最核心的区域。总建设用地面积230 000 m²，项目以现代中式皇家园林风情为特色，大气浩然而又精致华丽，成为皇城根下一道美丽的都市风景线。

SED新西林景观国际以"现代中式皇家气派演绎都市生活"为设计理念，在延续城市历史文脉和整体城市风格的前提下，给景观设计上赋予了新的生命。采撷中式皇家园林高超的布景、独特的施工工艺等优点，同时又不拘泥于传统。在造园布局上以错位的景观轴线来布置景观空间，注重理水、障景、借景、对景的运用，并有机地融入风水运势理论，突显了现代中式皇家园林的大气浩然和现代都市生活的精致与活力，给居者一个现代感强烈的中式皇家园林。

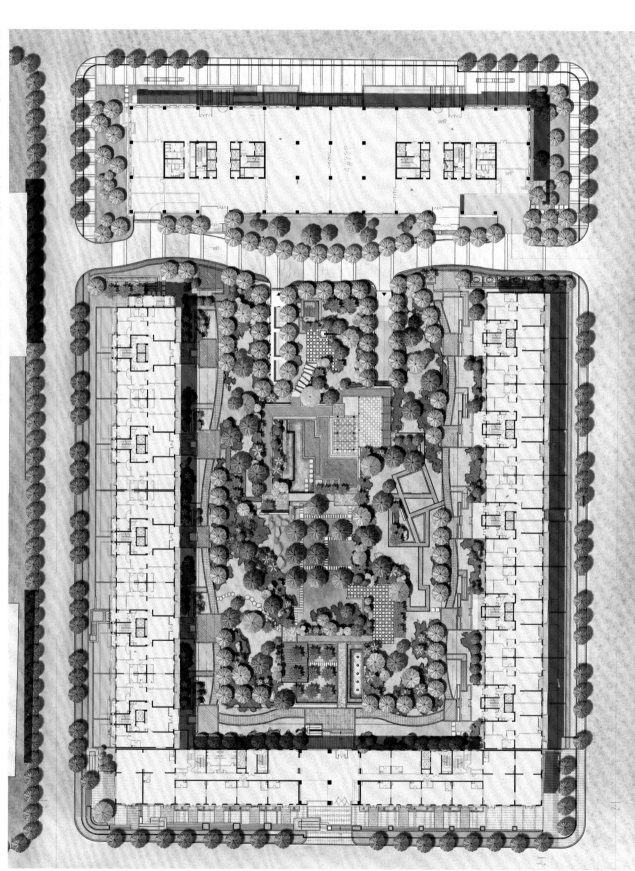

成都派克公馆

项目地点：四川省成都市
建筑设计：英国UA国际建筑设计有限公司
总建筑面积：79 808 m²
地上建筑面积：62 099 m²
地下建筑面积：17 709 m²
绿化面积：7 204 m²

　　派克公馆位于成都市西高新国际社区，首批产品"叠拼别墅、花园洋房"总建筑面积达40 000 m²。派克公馆西近羊西线蜀西路、东临老成灌公路，西侧是成都高新技术产业开发区西区。社区内拥有众多世界著名企业和国内高精尖企业，政府已规划并全力推进该区域配套设施建设，除了约334万 m²的两河生态森林公园外，购物、休闲、娱乐等配套设施应有尽有。

　　派克公馆前期产品由叠拼别墅、花园洋房以及电梯洋楼组成。社区内运动休闲设施有游泳池、晨跑跑道、网球场，乒乓球场、羽毛球场、室内篮球场等。

东莞南城

项目地点：广东省东莞市南城区
开发商：深圳建设集团
建筑设计：华森建筑与工程设计顾问有限公司
占地面积：260 000 m²
总建筑面积：450 000 m²

东莞南城项目位于东莞的中央生态区，北邻政府重点打造的中央生活区，南面为东莞植物园、城市花谷、水濂山森林公园等稀缺生态资源，属东莞"总部经济长廊—东莞大道"稀缺型住宅物业。项目分四期开发，面积约3万 m²的商业配套，包括集中商业和风情商业街，并配有幼儿园、小学、中学的一站式教育系统。

小区拥有宽广的亲地空间、绿地视觉，从而营造了良好的居住人文氛围。长300 m、面积4 000 m²的中央景观带呈"F"形布局，大小广场、休闲平台穿插其中，突显生活功能；开阔的中央水景，营造错落有致、富于变化的活水体系。在草坡设计上更是独具匠心，将感觉突兀的垂直水岸改造成倾心宜人的绿地，让草坡接水自然过渡。

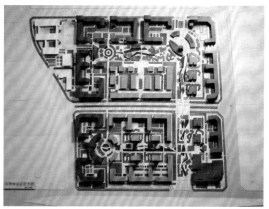

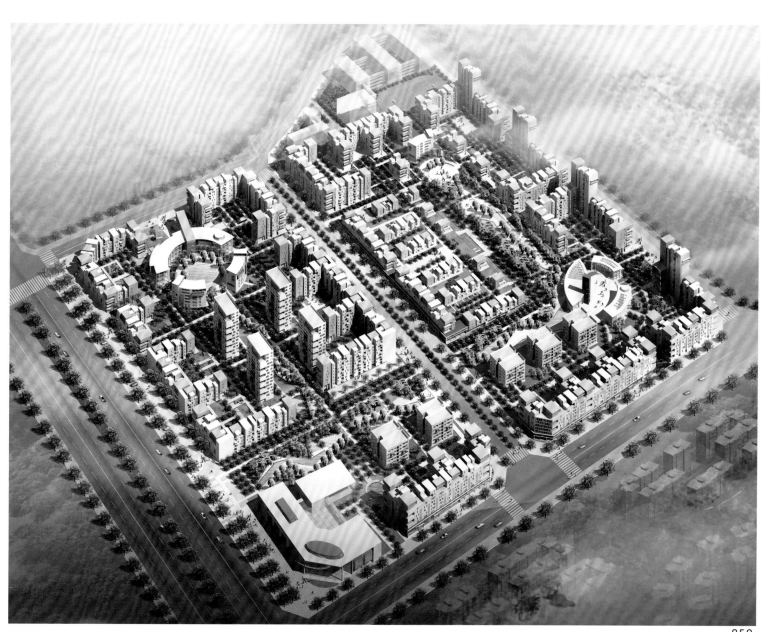

北京润杰风景住宅小区

项目地点：北京市昌平区
开发商：北京安达房地产开发有限公司
建筑设计：华森建筑与工程设计顾问有限公司
占地面积：17 000 m²
总建筑面积：36 000 m²

项目用地位于北京昌平区鼓楼东街69号，东至会馆东胡同，南至北京衡器厂有限公司办公楼、电子楼向北10 m，西至转向机厂，北至财神庙胡同。

小区集憩息、社交、消费、休闲等多重功能于一体，举步之间即可享受便利的生活。建筑立面风格整体给人以简约现代的城市感，局部融合了后现代主义和中国古典建筑文化以及院落文化等多种元素。

园林设计以现代风格为主线，通过系列连接的主体空间呈现出一种婉约、自然、休闲的室外活动空间，力图在景观节奏和空间上达到完整的统一。

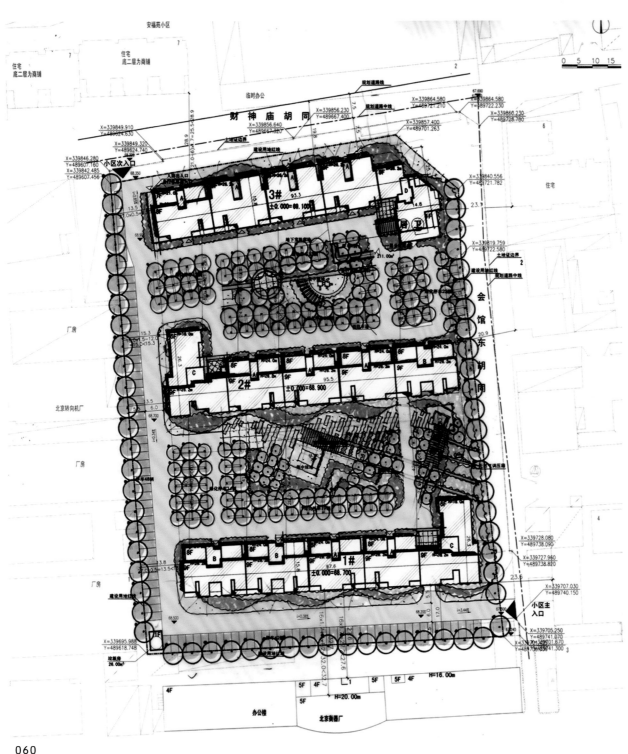

重庆大城小院

项目地点：重庆市渝北区
开发商：重庆龙湖地产发展有限公司
容积率：1.50
绿化率：30%

　　大城小院位于城市中心，地处冉家坝，居于渝北区新的核心商业区。除了已经开业的面积为18 000 m²的生活超市沃尔玛、12 000 m²的世界级建材超市百安居之外，还有即将开业的商业步行街——紫城天街，尽享城市繁华便捷，能方便到达主城各区，距离江北观音桥仅4 km。适度超前的建筑趣味，加上无须担忧的品质与服务以及对于空间创造性的利用，这一切的综合使它成为城市中少见的电梯洋房。让业主在享受城市生活乐趣和便利的同时，也拥有花园洋房低密度带来的舒适感觉。

　　大城小院以绝美的崖线、丰富的水体、特色的景观绿化带和院落中心四大主题构成了步移景异的景观序列，植物配置的设计力求简洁、清新、素雅。精致的小景墙，配以色彩斑斓的灌木和观赏草相映成趣，久违的烂漫田园风情扑面而来。

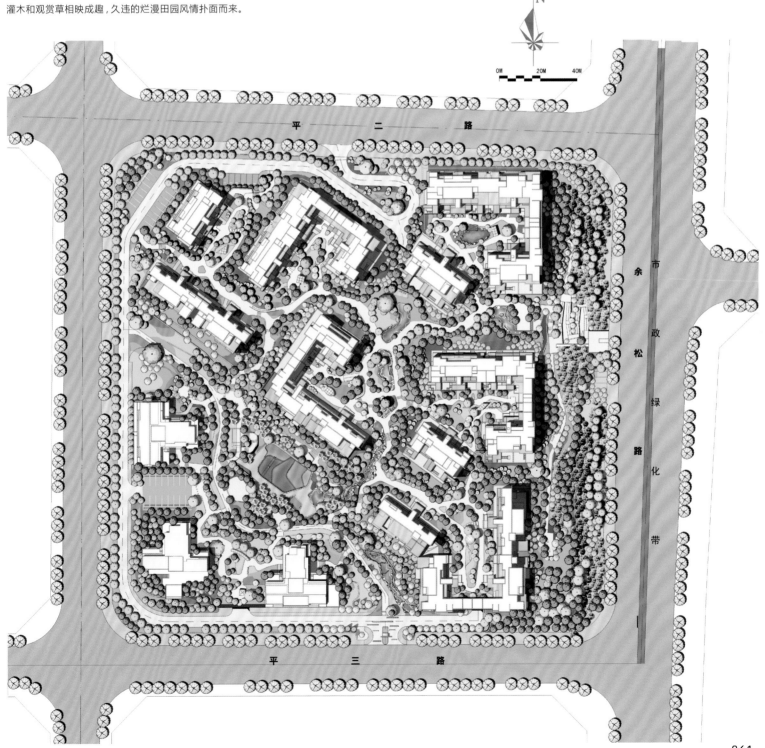

成都时尚青年城

项目地点：四川省成都市青羊工业集中发展区
开发商：成都青羊工业建设发展有限公司
景观设计：广州土人景观顾问有限公司
景观面积：112 570 m²

时尚青年城项目位于四川省成都市青羊工业集中发展区M3地块，是在当下封闭小区制度和城市公共空间之间建立一种新型的互动关系的实践。

根据建筑的规划形成的空间和功能的布局，项目的景观可被分为四个区域：景观轴线、庭院、周边沿街商业带和运动健身区。

景观轴线分别有横向轴线和纵向轴线。形态优美而又张力的水体贯穿整个轴线，成为景观的核心元素，并通过水体串联其他景观元素；简洁有力的方盒造型营造了社区的形象标志物，方盒内容纳丰富多变的青年时尚生活；室外滨水茶座和休闲区布置在水体边缘，营造供人长时间停留的场所。

由建筑围合而成的两个大庭院和三个小庭院，是以软质景观为主的社区休闲场所。

周边沿街商业带为场地东面沿成飞大道的界面布置的入口广场和电影院前广场，使用水景构筑物、雕塑等元素形成了标示。场地北面毗邻具有英国风情的小镇，北面的沿街商业界面的景观是以硬质地面加点式元素为主。

健身运动区位于加盖的渠道之上，设有网球场、篮球场、室外羽毛球场、轮滑道和设有各种健身设施的小型运动平台，服务于本社区及周边区域。

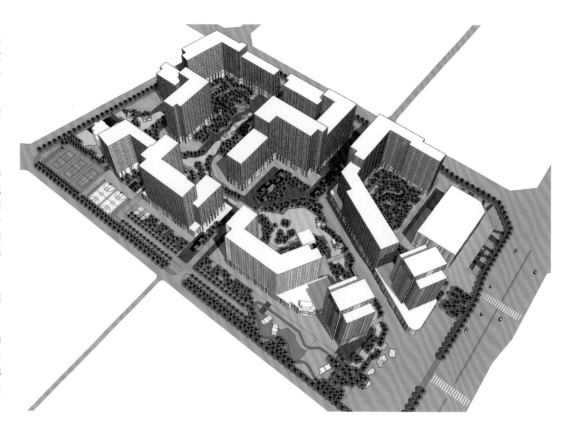

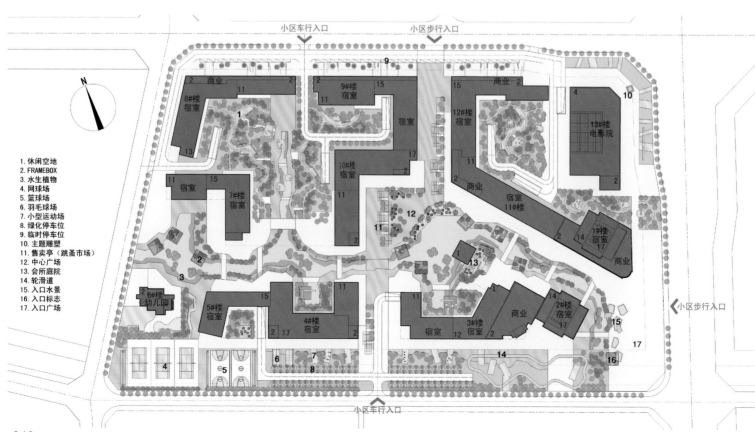

1. 休闲空地
2. FRAMEBOX
3. 水生植物
4. 网球场
5. 篮球场
6. 羽毛球场
7. 小型运动场
8. 绿化停车位
9. 临时停车位
10. 主题雕塑
11. 售卖亭（跳蚤市场）
12. 中心广场
13. 会所庭院
14. 轮滑道
15. 入口水景
16. 入口标志
17. 入口广场

庭院與運動空間分析圖

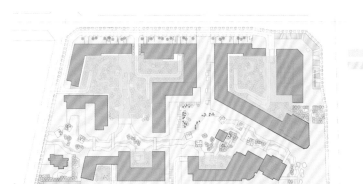

庭院空間

運動空間

軸線及商業空間分析圖

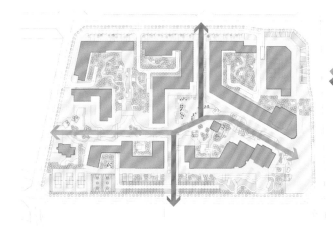

沿街商業空間

內街商業空間

橫向軸線

縱向軸線

行為分類圖

塔樓

板樓

戶外

動態及靜態交通分析圖

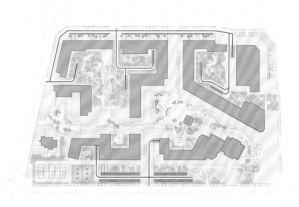

機動車通道

地下車庫入口

停車位(152個)

景觀空間功能分析圖

低效 LO-TEC → 高效 HI-TEC

低效 LO-TEC ←——→ 高效 HI-TEC

場地與周邊環境關系分析圖

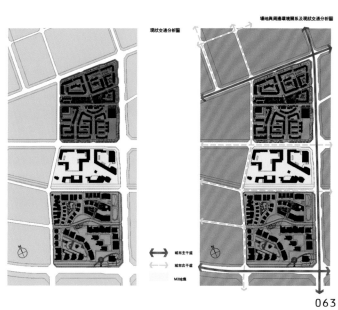

現狀交通分析圖

場地與周邊環境關系及現狀交通分析圖

辦公區域 (M1 M2地塊)

商住區域 (M3地塊)

生活區域 (M4地塊)

未開發或其他區域

城市主干道

城市次干道

M3地塊

广州金海岸花园

项目地点：广东省广州市番禺区市东环二路两侧
开发商：广州市番禺置业房地产开发有限公司
景观设计：广州市太合景观设计有限公司
占地面积：831 400 m²
总建筑面积：1 200 000 m²
容积率：1.50
绿化率：38%

金海岸花园位于金海岸大道与兴泰东路相交处，小区外围是商务活动步行街，区位生活交通方便、环境优越。设计采用中国园林的精髓与现代环境装饰艺术有机融合的设计风格，塑造一个恬静、自然、环境幽雅、空间互动、人文交往自由融合的标志性精品社区。

金海岸花园的内庭小区设计强调以水文化为统领全区环境的主题，每家住户均有变换无穷的大小水景穿插其间，使得户户有水景相伴，环境充满活力，象征财运亨通。内庭南北两块有各具特色的不同空间景观。因西北向外部有商务活动，其环境喧闹，内庭的设计强调优美、安静、舒适情调，以亭、廊、雕塑、喷泉点缀其间，各景点灵活布局，相映成趣、相互贯通，以不同铺装的平台、卵石小径、小桥连通各景点，体现以人为本的设计新理念，充分尊重住户的感情与需求。让住户一出家门，就能感受到大自然的清新气息，处处给人以温馨与亲切的美感。

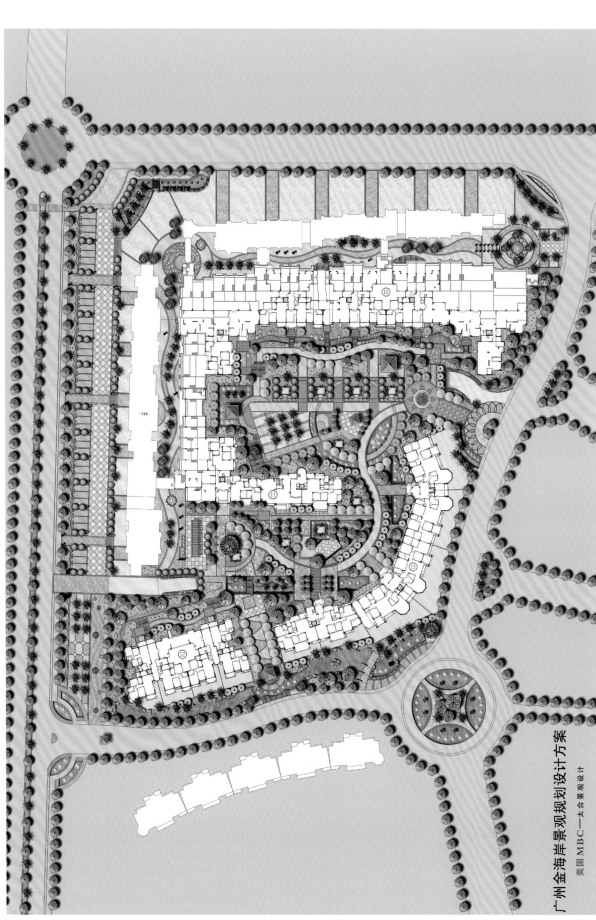

广州金海岸景观规划设计方案
美国MBC—太合景观设计

合肥九溪江南

项目地点：安徽省合肥市
开发商：合肥科园房地产开发有限公司
占地面积：138 000 m²
总建筑面积：260 000 m²
容积率：1.68
绿化率：42.20%

　　九溪江南地处合肥经济技术开发区芙蓉西路和松林路交会处，承脉中国园林理念，以徽州建筑融合江南园林；溪流蜿蜒穿行，中心湖水系相生相息；景观与五大江南组团呼应，营造出合肥宜人居的环境。会馆、特色商街、社区医疗、幼儿园等临水而立，点缀其间。

沈阳南郡林语

项目地点：辽宁省沈阳市
景观设计：理田国际（澳洲）建筑景观与室
内设计有限公司
占地面积：98 000 m²
容积率：2.2
绿化率：40.1%

01. 机动车主入口
02. 机动车次入口
03. 人行主入口
04. 售楼处
05. 生态泊车场
06. 非机动车位
07. 地下车库入口
08. 交通岛
09. 景观树阵
10. 庭院铺装
11. 木栈台
12. 樱花林
13. 枯山水（砂池）
14. 景观树丛
15. 桃花林
16. 江南木亭
17. 九曲桥
18. 特色景观树
19. 风情亭
20. 风情小品
21. 焦点景观树阵
22. 四季花池
23. 观景亭
24. 景观坡地
25. 儿童游乐区
26. 羽毛球场
27. 休息平台
28. 游园小径
29. 康体健身
30. 清风廊
31. 健身小品
32. 桃树
33. 休憩小园
34. 景观绿地小品
35. 主题小品
36. 方园
37. 四棵杏
38. 闲趣树阵小品
39. 滨水喷泉
40 主题雕塑
41. 休憩广场
42. 广场铺装
43. 特色景观铺装
44. 银杏树阵

南郡林语属于集商业、娱乐、休闲、住宅于一体的现代化社区。设计引入城邦组团式庭院景观，以北欧之旅、再忆江南、巴厘风情、托斯卡纳小镇、樱花之恋为庭院主题概念风格，打破传统景观设计主题单一的格局，以风格多样、低成本景观为设计思路，打造了一个生态园林景观花园。

"北欧之旅"以现代几何构成手法营造生态园林，淋漓尽致地体现了简洁、优雅、精致、平和的北欧风格；"再忆江南"以中国江南园林为主题，采用点缀景墙、木亭、置石、香枫、腊梅、秋菊等元素体现江南淡雅、朴素的风格；"巴厘风情"采用国际盛行的东南亚风格，体现休闲度假的异国情调；"托斯卡纳"以意大利地中海岸小镇为主题，以少量的硬质元素、茂密的植被营造出浪漫、闲散、高雅地中海风情；"樱花之恋"以现代枯山水、木栈台、樱花林营造清馨优雅的东方神韵。

南郡林语休闲广场以现代几何构成组合广场节点，生态泊车、树阵、休闲座椅、时尚雕塑，既能配合售楼中心举行各种商业活动，同时又是小区内人们休闲活动不可少的公共空间，为沈苏快速干道这条贯穿于沈阳的南北中轴线添加人文景致，点缀了城市空间。

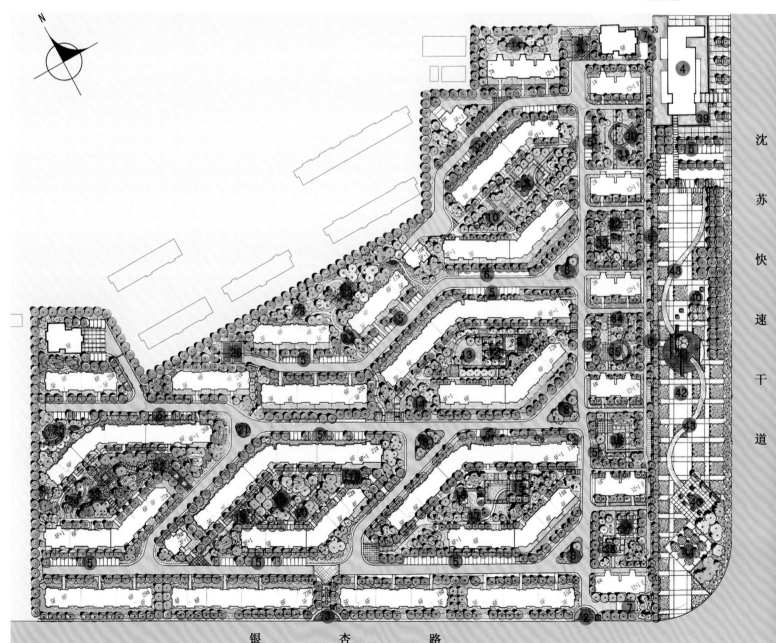

沈苏快速干道

银 杏 路

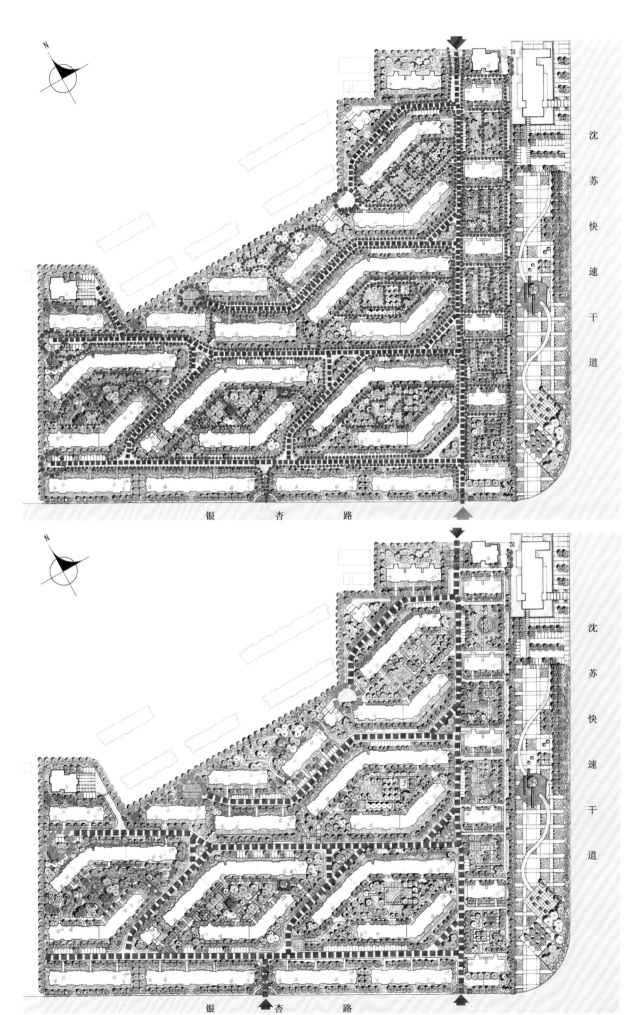

沈苏快速干道

银　杏　路

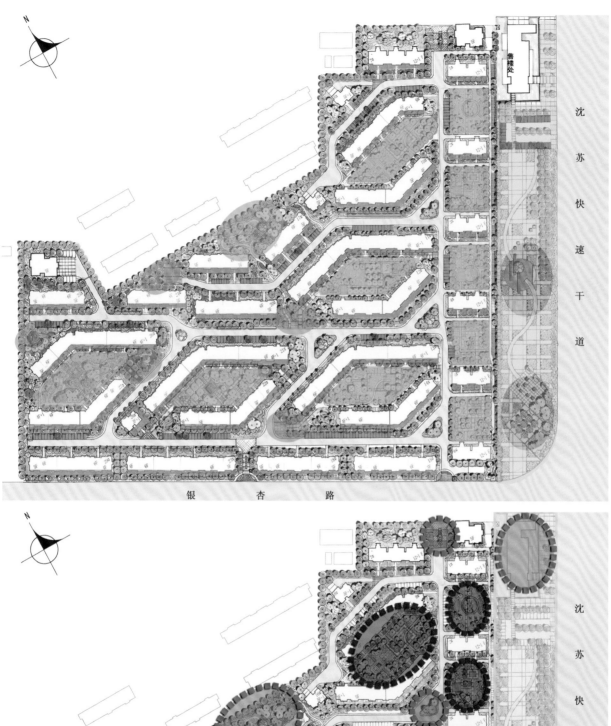

沈 苏 快 速 干 道

银 杏 路

沈 苏 快 速 干 道

银 杏 路

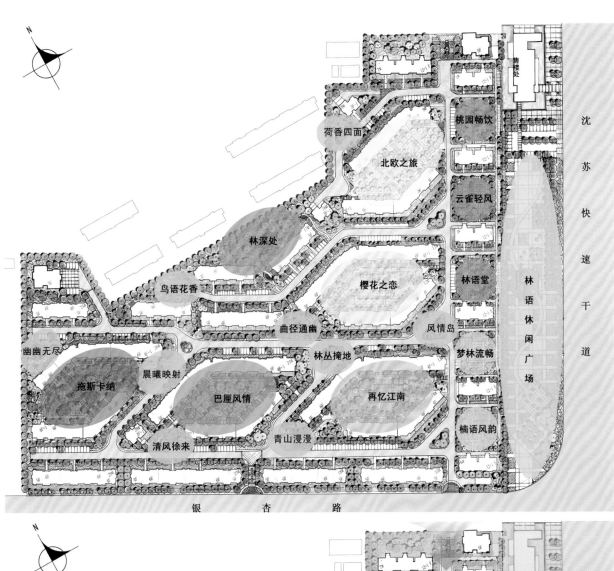

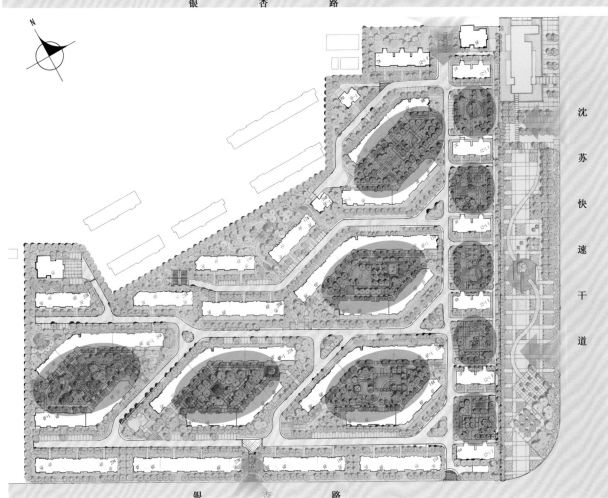

杭州西溪派

项目地点：浙江省杭州市
开发商：杭州豪立实业有限公司
景观设计：IDU（埃迪优）世界设计联盟联合业务中心
占地面积：56 000 m²
景观面积：41 000 m²

项目基地距离杭州市市中心（武林广场）约15 km，约30分钟车程。地处余杭区五常街道文一村，杭州绕城高速以西，西侧为荆常大道，南临文一西路，与西溪湿地公园（三期储备用地）仅一路之隔。本项目属于五常西溪板块，东部紧靠成熟的西城文教板块，西邻余杭闲林板块。

项目规划为集LOFT现代型商务办公、小户型公寓及商业购物为一体的综合性区域。社区四面被市政交通环绕，市政河道从项目地块中部通过，将社区分为南北两个区域。河道是非常重要的自然资源，也是整个小区最大的资源优势。社区建筑为现代设计风格的综合形式，其丰富的天际线展现独特的动感。业主主要面对30~35岁的年轻白领人群，前卫和时尚成为该社区重要的风格特征。

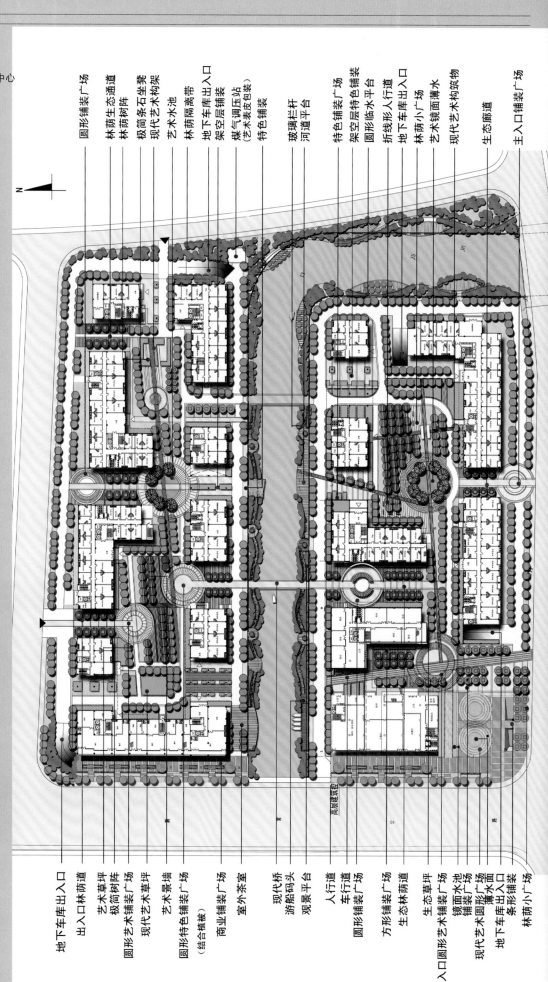

圆形铺装广场
林荫生态通道
林荫简树阵
极简条石坐凳
现代艺术构架
艺术水池
林荫隔离带
地下车库出入口
架空层铺装
煤气调压站（艺术表皮包装）
特色铺装
玻璃栏杆
河道平台
特色铺装广场
架空层特色铺装
圆形临水平台
折线形人行道
地下车库出入口
林荫小广场
艺术镜面薄水
现代艺术构筑物
生态廊道
主入口铺装广场

地下车库出入口
出入口林荫道
艺术草坪
极简简树阵
圆形艺术铺装广场
现代艺术草坪
艺术景墙
圆形特色铺装广场（结合植被）
商业铺装广场
室外茶室
现代桥
游船码头
观景平台
人行道
车行道
圆形铺装广场
方形铺装广场
镜面水池铺装广场
入口圆形艺术铺装广场
现代艺术圆形铺装广场
地下车库出入口
现代艺术铺装水面
条形小广场
林荫小广场

北京城建世华水岸

项目地点：北京市
开发商：北京城建投资发展股份有限公司
景观设计：北京源树景观规划设计事务所
设计人员：白祖华、胡海波、李晶、刘春红、夏强
占地面积：130 000 m²

　　城建世华水岸项目位于石榴庄凉水河以北，东至宋家庄路，南至凉水河绿化带，西至天坛南路，北至彩虹城住宅小区。

　　项目简洁的建筑形式、丰富的内部生态水景空间与平静的凉水河风光相呼应，构成了世华水岸无法复制的景观资源。它为业主所提供的不仅是一种风景，更是一种健康、和谐、时尚、非同寻常的生活方式。

　　景观设计紧紧围绕"滨水而居、水景豪宅"的宗旨而展开。在认真分析了用地空间和产品特点的基础上，将自然界中泉、瀑、溪、雾四种典型的水景形态加以概括和提炼，并将其巧妙地与植物四季景观之春、夏、秋、冬的变化相结合，将泉的灵动、溪的柔美、瀑的气势、雾的神秘和春的绿意昂然、夏的绿荫扎地、秋的色彩斑斓、冬的银装素裹相搭配，形成了春泉、夏瀑、秋溪、冬雾四个主题景观，并将其巧妙地运用到项目的四个区域中，为业主创造出诗意般的生活空间。

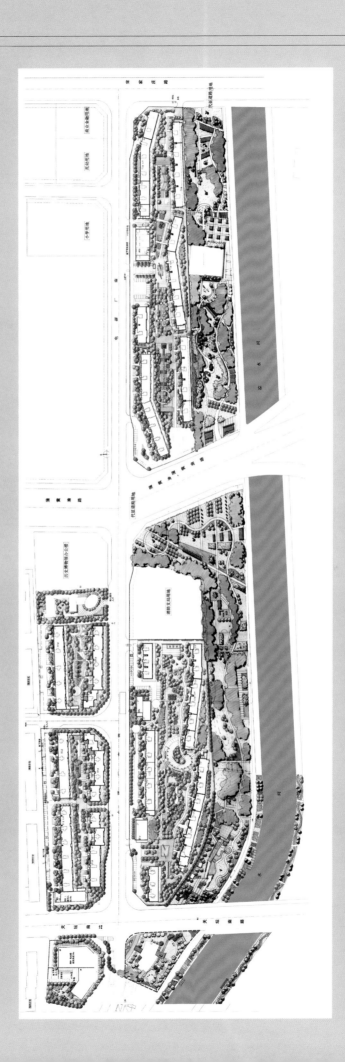

深圳劳教所

项目地点：广东省深圳市
建筑设计：深圳市大唐世纪建筑设计事务所
占地面积：199 995.8 m²
总建筑面积：140 500 m²
容积率：0.68
绿化率：39.86%

项目位于深圳市宝安区观澜街道办企坪社区，靠近东莞塘厦镇。场地西侧、东侧分别靠近观澜高尔夫球场和观澜河，西南侧用地为工业园区，南面为规划的大外环快速路。项目由1~8层的多层、高层建筑组成。场地用地为丘陵地带，地形坡度变化大。

由于场地现状东面地块相对平坦开阔，西面地块大多为坡度较大的山地，所以规划将监管区布置在东面形成规整严谨的监区环境且利于监管。将办公生活区布置在西面，结合山地特征因地制宜布置，形成生态化的办公生活环境。场地南面现状有一较高山体，规划基于生态化设计理念加以保留，形成沿高架路的绿色屏障，强调了劳教所的私密性和安静性。利用保留山体和水面、入口广场形成项目的核心景观节点。

规划布局上，将办公区最重要的建筑——主楼置于主入口中轴线上，体现其重要性和标志性。警戒楼和社会帮教楼结合监区主入口形成一组折线形的水平伸展建筑群，与主楼一高一低形成项目完整大气的对外展示形象，强化了整体性和空间意境。

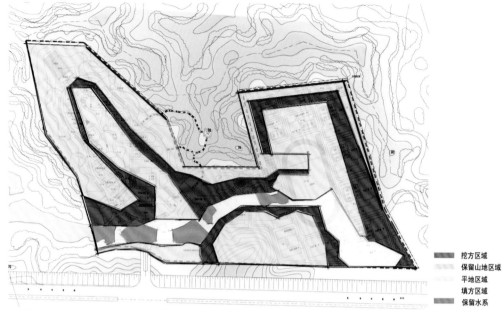

● 采取节约土方措施后 土方开挖工程示意图

挖方区域
保留山地区域
平地区域
填方区域
保留水系

图例：
宿舍用房
习艺劳动用房
社会帮教用房
医院及防疫隔离用房
教育用房
监管区厨房、动力房
禁闭室用房
警戒护卫楼用房
干警业务楼用房
食堂训练室兼礼堂用房
干警训练楼用房
劳教戒毒康复楼用房
干警管理楼用房
三岗人员公寓用房
干警备勤楼用房
靶机房及射击训练场地

图例：
用地红线
干警区车行流线
贵宾流线
监舍区货物流线
监舍区送餐流线
劳教所主入口
监舍区卸货口
监舍区送餐口
地下车库区域
地下车库出入口
地面停车位
安全监管口

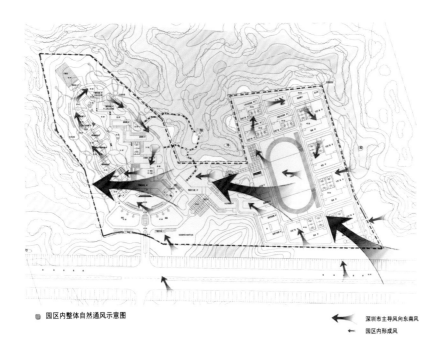

园区内整体自然通风示意图

深圳市主导风向东南风
园区内形成风

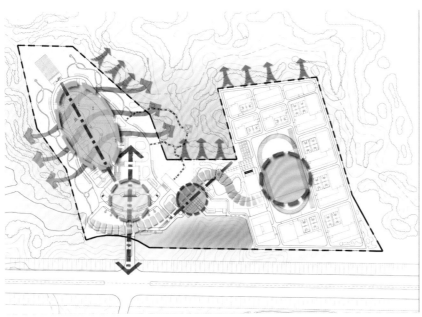

图例：
主入口广场景观
干警生活区中心景观
监舍区入口景观节点
监舍区中心活动广场
生态保护区
保留原水景
景观渗透
山体景观视线
山体景观
主景观轴线
次景观轴线

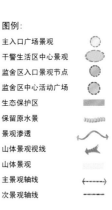

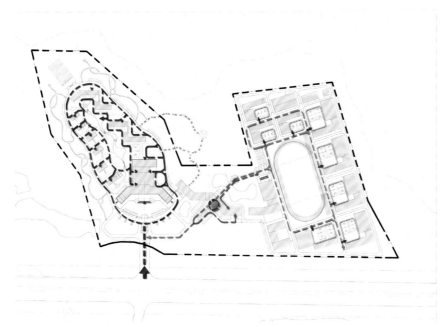

图例：
用地红线
干警区人行流线
羁押流线
探视流线
监狱人员劳动生活流线
劳教所人行主入口
羁押入口
安全监管口

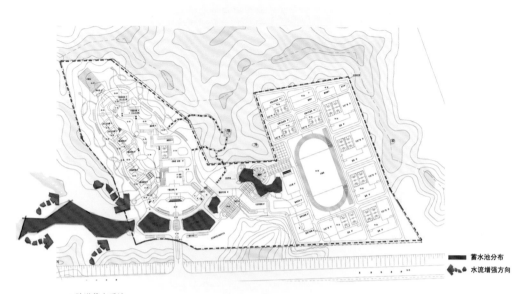

蓄水池分布
水流增强方向

● 防洪蓄水系统

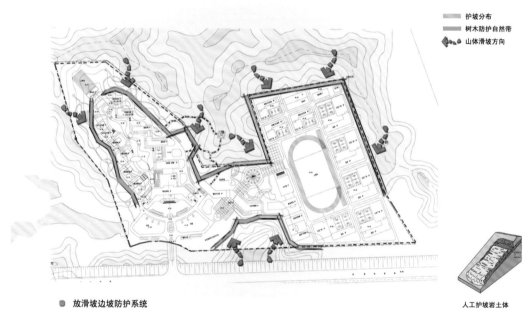

护坡分布
树木防护自然带
山体滑坡方向

● 放滑坡边坡防护系统

人工护坡岩土体

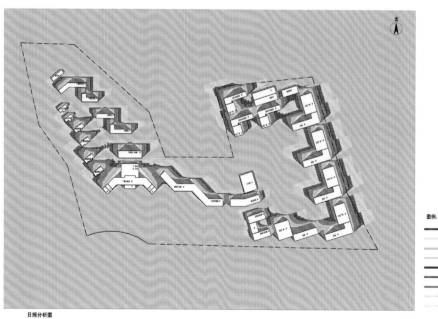

图例:
0–1小时
1–2小时
2–3小时
3–4小时
4–5小时
5–6小时
6–7小时
7–8小时
8小时

日照分析图

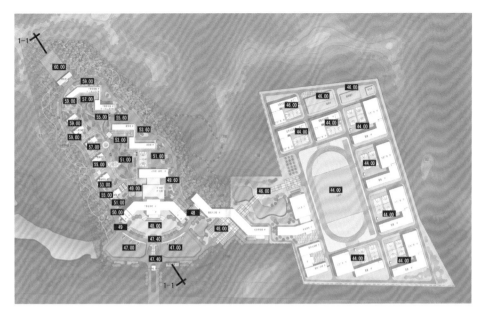

图例：

原始地形剖断线 ——— ———
设计后地形剖断线 ——— ———

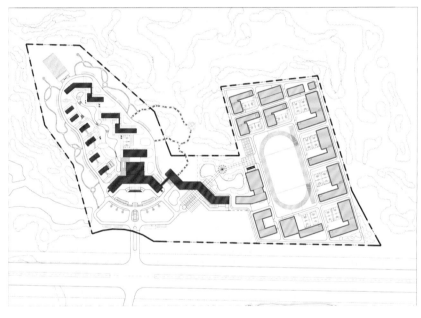

图例：

开放建筑形象　■■■
半封闭干警生活区建筑形象　■■■
封闭监舍区建筑形象　▨▨▨

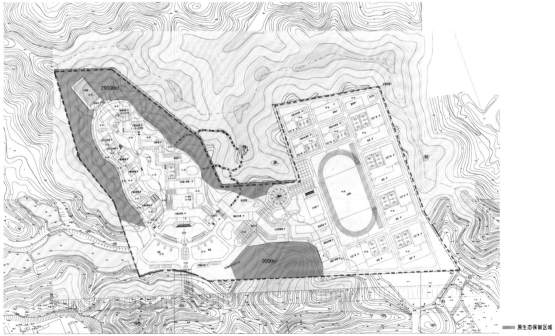

● 原生态保留示意图

原生态保留区域

北京东单正和广场

项目地点：北京市
建筑设计：北京杰地亚建筑咨询有限公司

该项目北侧紧邻四合院片区，如何在高容积率的前提下尊重历史成为最大的挑战。设计人员采用国内先进的设计理念，即不使用具体符号作为对历史文化的传承，而是从具体的空间尺度关系入手处理问题。

由于项目用地紧张，建筑的高度对四合院片区必然造成尺度上的冲击。出于对历史空间的回忆及尊重，建筑采用北侧层层退台的方式来减少人们在史家胡同的空间压迫感，使更多的阳光照射到传统的胡同中，保证较为宜人的空间尺度，并引发人们对传统空间的联想。

建筑采用纯正法式风格作为价值取向的载体，并结合项目的定位，使经典的建筑元素、精致的细节设计与位于金宝街的励俊酒店一南一北遥相呼应，营造区域内风格协调的氛围。设计上充分考虑了与相邻建筑的结合，使之沿东四南大街能够展现出完整统一的建筑形象。

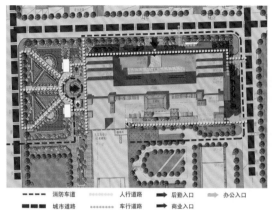

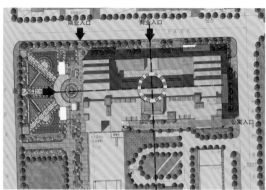

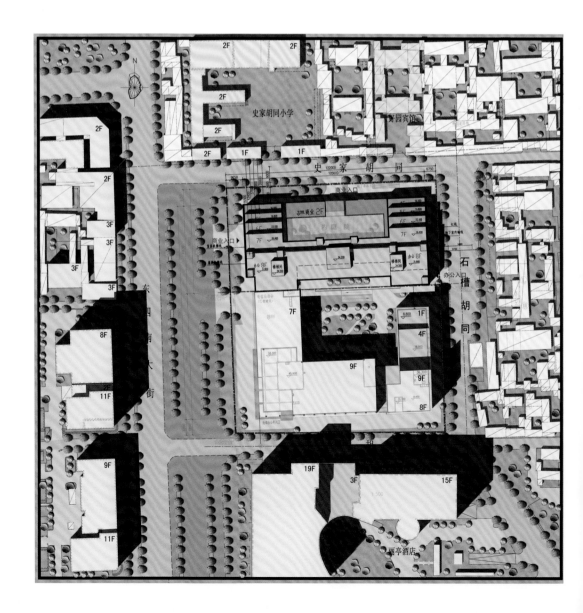

连云港石棚名居

项目地点：江苏省连云港市海州区
开发商：连云港海城房地产开发有限公司
景观设计：EDSK易顿国际
主设计师：廖石荣
占地面积：128 600 m²
总建筑面积：177 814 m²
容积率：1.2
绿化率：35.3%

　　石棚名居位于海州区新建中路花园路口，占地面积128 600 m²，总建筑面积177 814 m²，容积率1.2，绿化率35.3%，以多层为主，总户数为1 387户。

　　石棚名居项目是一处纯正英伦风尚的大型高档别墅住宅混合型住宅项目。项目住宅产品丰富齐全，有户型面积为70~140 m²的各种多层及高层住宅、180~200 m²的阳光排屋、40~80 m²的单身公寓等住宅产品，并附建有小型商业和农贸超市以及会所等生活配套设施。

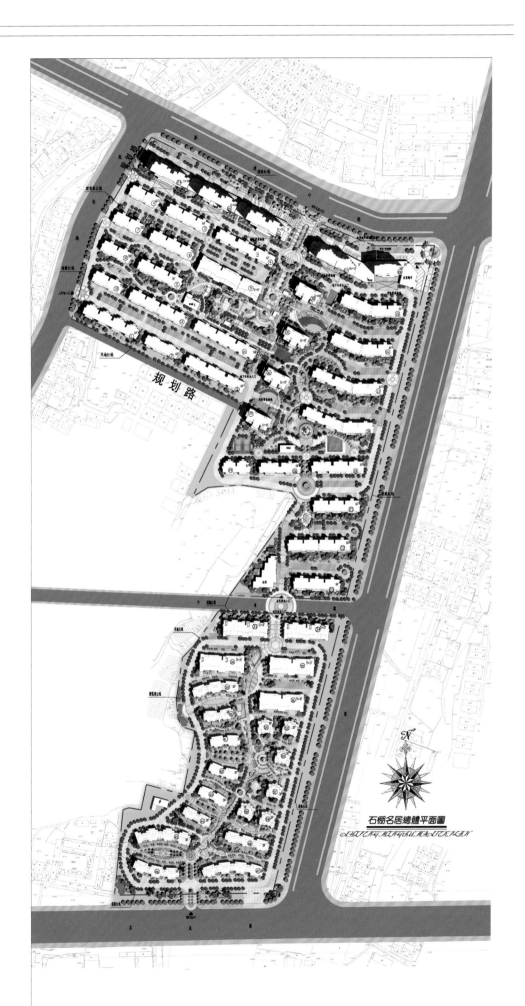

石棚名居總體平面圖

济宁森泰·御景

项目地点：山东省济宁市
景观设计：广州太合景观设计有限公司

　　项目占地面积55 333 m²，总建筑面积13.75万 m²，由12栋小高层和1栋17层的酒店式公寓组成。项目位于红星东路与皇营路交会处，西临济宁城市主干道火炬路，南临太白路，多条公交路线路经此地，交通便捷，有多个成熟社区聚集于此，周边配套设施完善。此外，东临光府河和光府公园，环境优雅舒适。

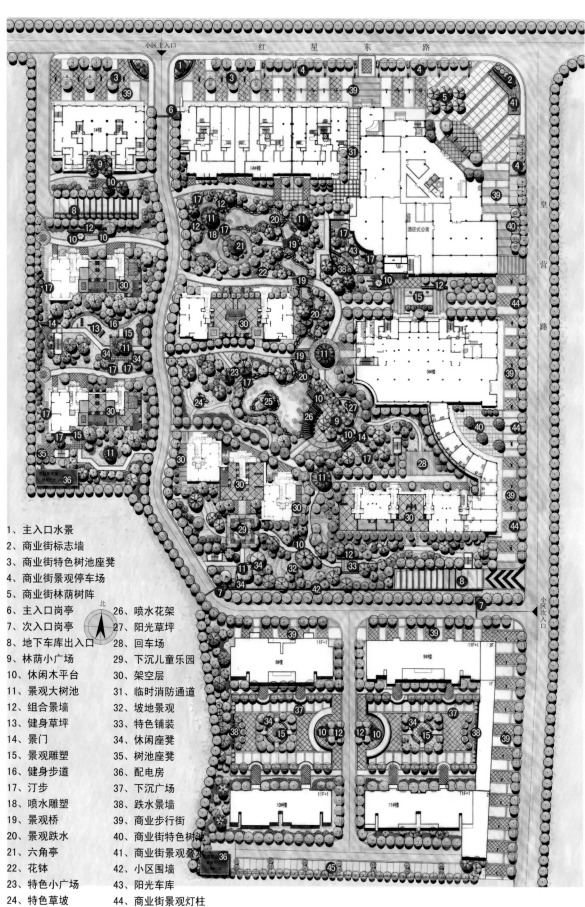

1、主入口水景
2、商业街标志墙
3、商业街特色树池座凳
4、商业街景观停车场
5、商业街林荫树阵
6、主入口岗亭
7、次入口岗亭
8、地下车库出入口
9、林荫小广场
10、休闲木平台
11、景观大树池
12、组合景墙
13、健身草坪
14、景门
15、景观雕塑
16、健身步道
17、汀步
18、喷水雕塑
19、景观桥
20、景观跌水
21、六角亭
22、花钵
23、特色小广场
24、特色草坡
25、景观岛
26、喷水花架
27、阳光草坪
28、回车场
29、下沉儿童乐园
30、架空层
31、临时消防通道
32、坡地景观
33、特色铺装
34、休闲座凳
35、树池座凳
36、配电房
37、下沉广场
38、跌水景墙
39、商业步行街
40、商业街特色树池
41、商业街景观叠水
42、小区围墙
43、阳光车库
44、商业街景观灯柱
45、停车场

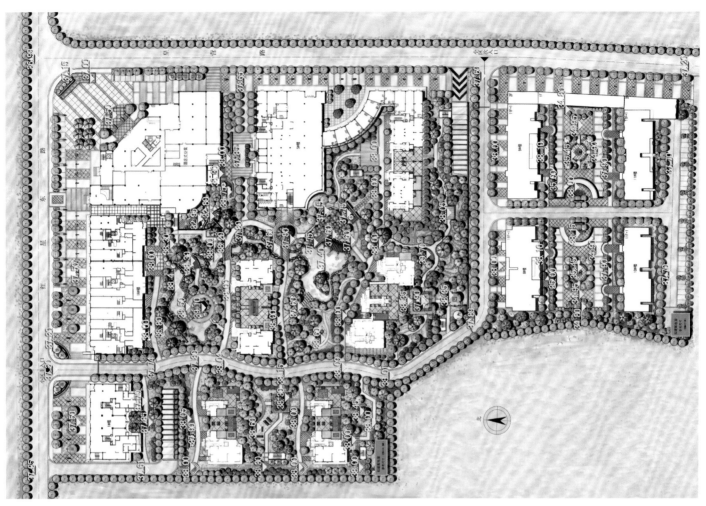

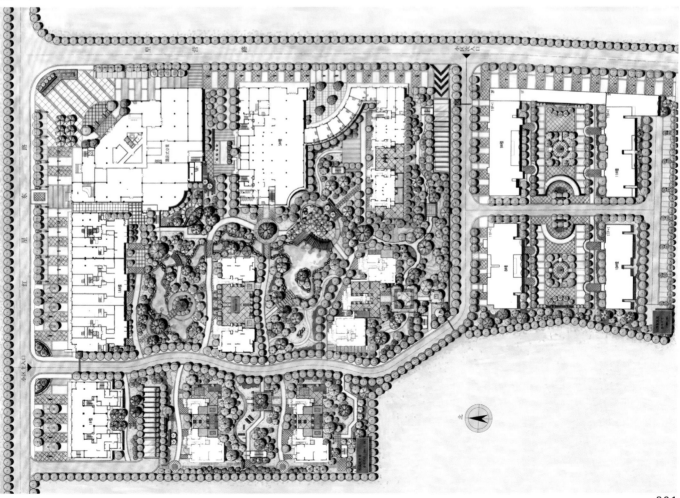

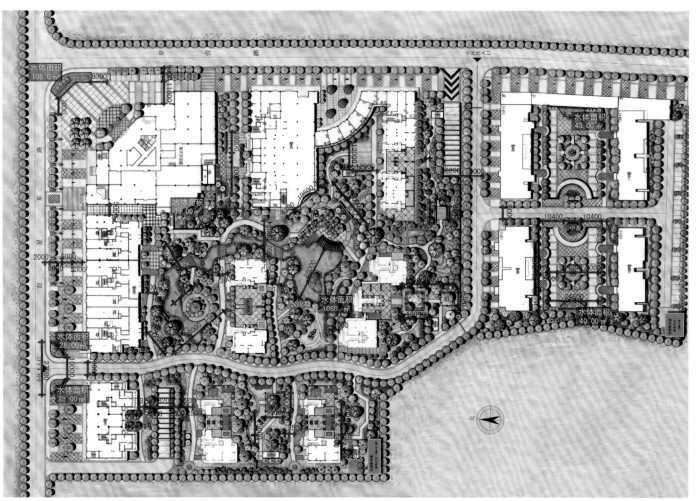

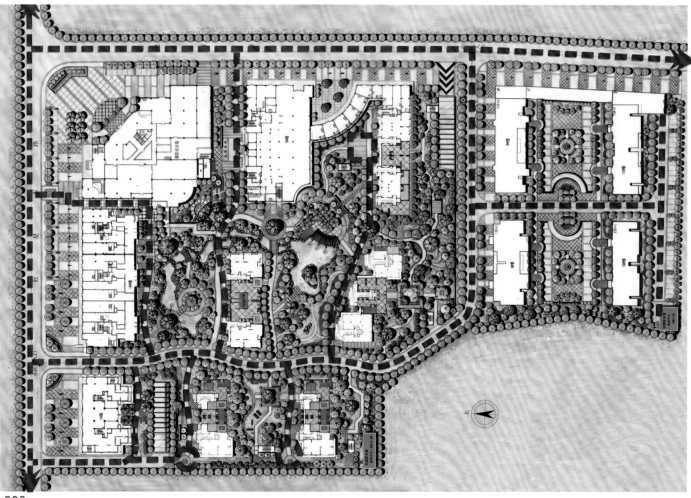

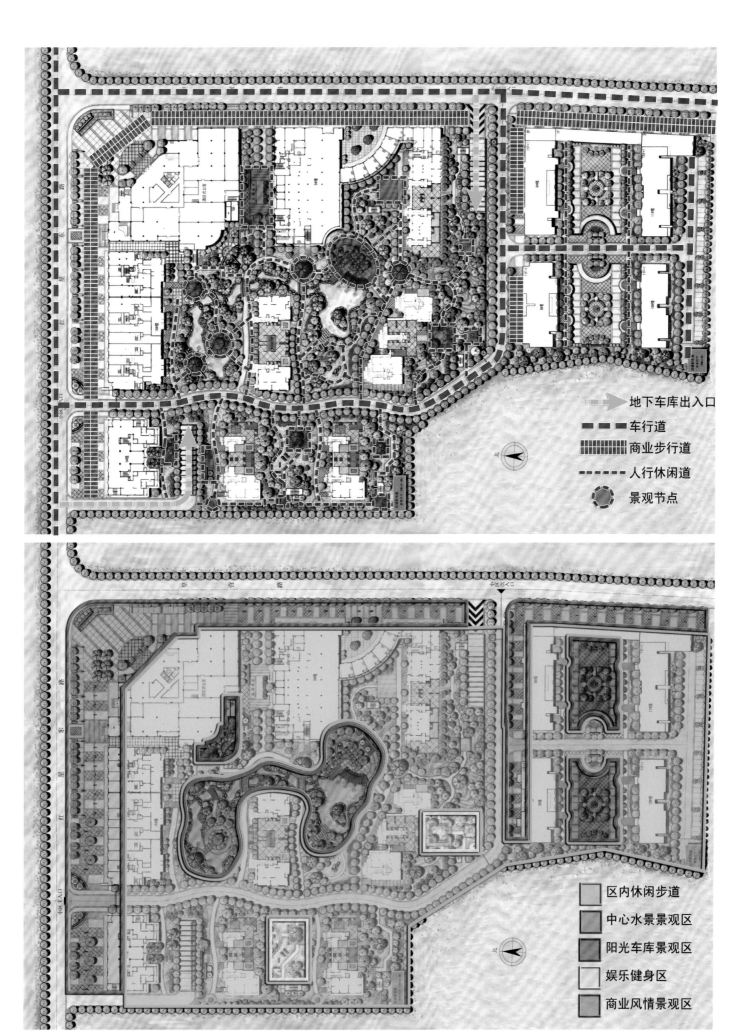

地下车库出入口
车行道
商业步行道
人行休闲道
景观节点

区内休闲步道
中心水景景观区
阳光车库景观区
娱乐健身区
商业风情景观区

清远东城御峰花园（一期）

项目地点：广东省清远市
景观设计：广州太合景观设计有限公司

项目整体环境景观设计遵循"以人为本，师法自然"的人性化园林景观设计理念，突出"新格调引领尊贵体验"的主题，以现代简约欧式风格为蓝本，将欧式风格与现代设计手法完美融合，使景观环境与建筑自身特点相呼应，浑然一体。设计师合理地组织了精致的人性化空间，将动静皆宜的景观空间融入建筑当中，充分体现了现代简约欧式风情和现代美学精神的紧密结合。在有限 空间里创造出丰富的视觉层次。

U形的建筑规划布局是该项目一期用地的显著特征，由此形成一条主干道连通四个U形围合的组团空间的结构形式。根据建筑规划布局和由于地下车库顶板的空间限制，在规划中，考虑了园区的三个层次空间。其一，为住户的私有院落空间；其二，住户的景观空间的延展；其三，住户的公共景园轴空间及其所派生的广场空间。以上三个层次考虑了生活上和心理上的从私密——半私密——开放的空间领域的推进和层次的变化，大大增强了住户的宜居性，并与人们的生活行为模式相适应。

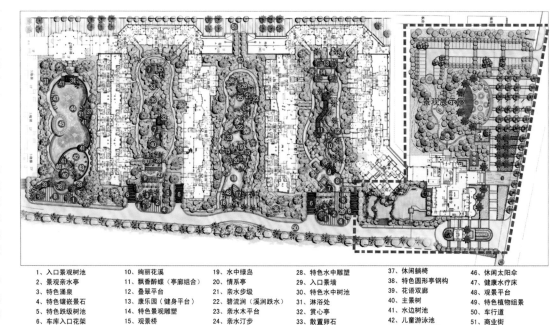

1、入口景观树池	10、绚丽花溪	19、水中绿岛	28、特色水中雕塑	37、休闲躺椅	46、休闲太阳伞
2、景观亲水亭	11、飘香醉蝶（亭廊组合）	20、情系亭	29、情系墙	38、特色圆形亭钢构	47、健康水疗床
3、特色涌泉	12、叠翠平台	21、亲水步级	30、特色水中树池	39、花语双廊	48、观景平台
4、特色镶嵌景石	13、康乐园（健身平台）	22、碧流涧（溪涧跌水）	31、淋浴处	40、主景树	49、特色植物组景
5、特色跌级树池	14、特色景观雕塑	23、亲水木平台	32、赏心亭	41、水边树池	50、车行道
6、车库入口花架	15、观景桥	24、亲水汀步	33、散置卵石	42、儿童游泳池	51、商业街
7、休闲木平台与座凳	16、树阵广场	25、花语叠水（小瀑布）	34、特色亭廊组合	43、景观喷水雕塑	52、消防通道出入口
8、特色镶嵌雕塑	17、观景异形亭	26、平台揽翠	35、儿童乐园	44、成人泳池	
9、景观花架	18、景观湖	27、特色铺装	36、健康步径	45、特色水吧	

景点分析图

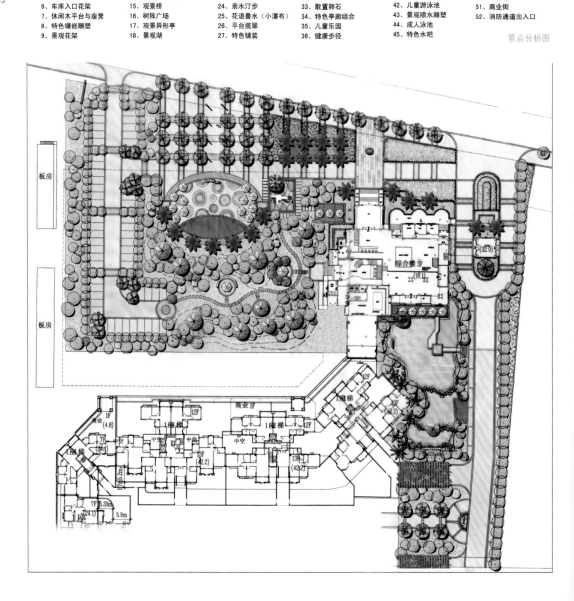

开放空间　　　半开放空间　　　景观展示区开放空间

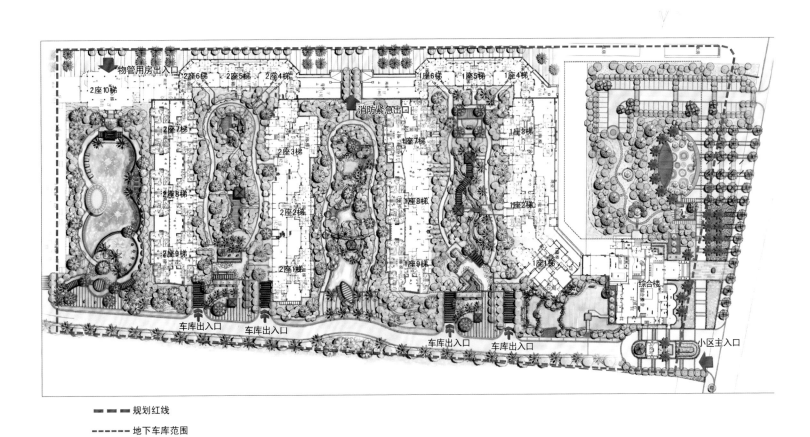

规划红线

地下车库范围

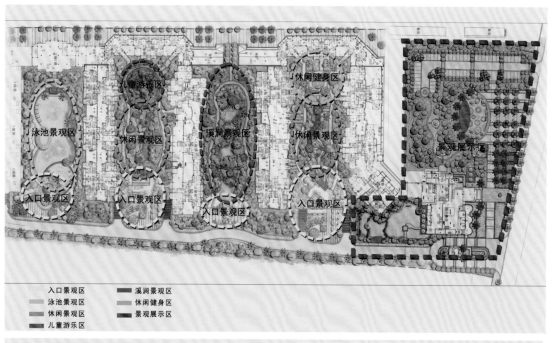

入口景观区　　　溪涧景观区
泳池景观区　　　休闲健身区
休闲景观区　　　景观展示区
儿童游乐区

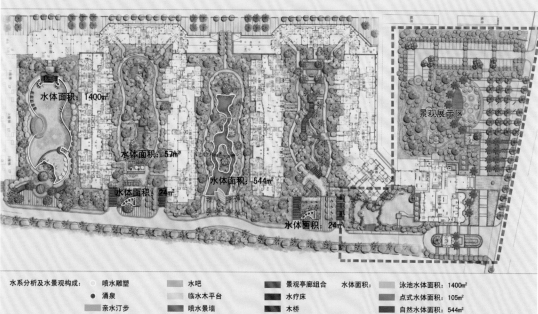

水系分析及水景构成：　○ 喷水雕塑　　　水吧　　　　景观亭廊组合　　水体面积：　泳池水体面积：1400m²
　　　　　　　　　　　● 涌泉　　　　临水木平台　　水疗床　　　　　　　　　点式水体面积：105m²
　　　　　　　　　　　　亲水汀步　　　喷水景墙　　　木桥　　　　　　　　　自然水体面积：544m²

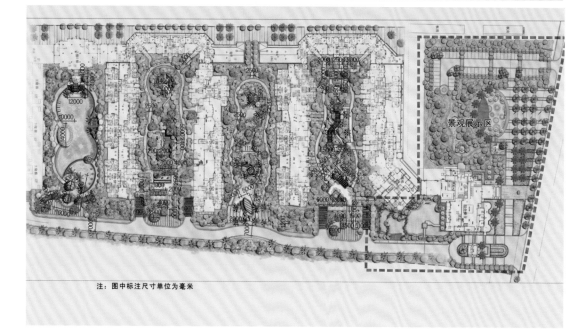

注：图中标注尺寸单位为毫米

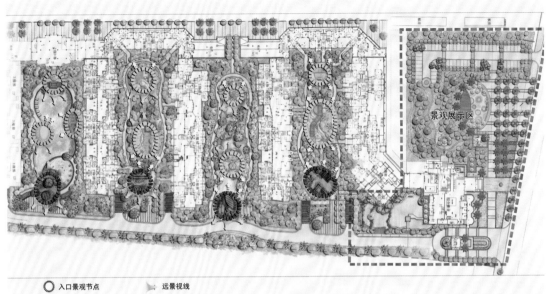

○ 入口景观节点　　　　⚑ 远景视线
○ 泳池区景观节点　　　⚑ 近景视线
○ 主要景观节点

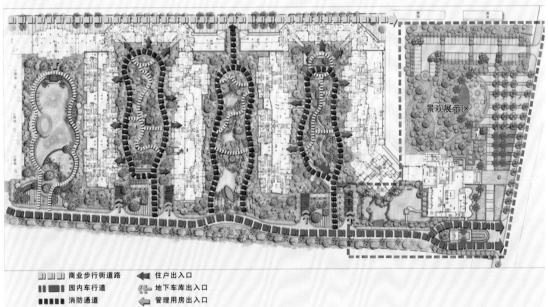

▮▮ 商业步行街道路　　　⬅ 住户出入口
▮▮ 园内车行道　　　　　⬅ 地下车库出入口
▮▮ 消防通道　　　　　　⬅ 管理用房出入口
⫶⫶⫶ 园内人行道

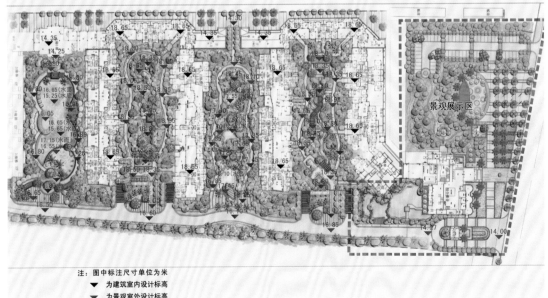

注：图中标注尺寸单位为米
▼ 为建筑室内设计标高
▼ 为景观室外设计标高

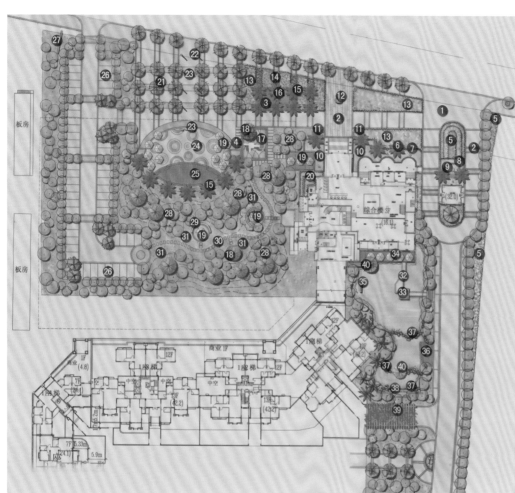

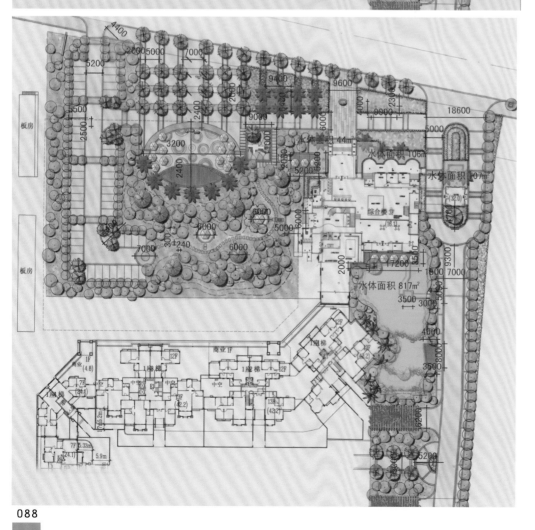

1、主入口
2、特色铺装
3、休闲木平台
4、嵌草铺装
5、特色地被
6、水边树池（银海枣）
7、喷水雕塑
8、跌水水景
9、艺术水钵
10、涌泉
11、艺术花钵
12、艺术雕塑
13、花境
14、散置卵石
15、景观树池
16、银海枣树阵
17、下沉游乐园
18、景观大树（大榕树）
19、休闲太阳伞
20、种植池
21、小叶榄仁树阵广场
22、景观灯柱
23、艺术小品组合
24、展示区活动广场
25、表演舞台
26、停车位
27、广告牌
28、植物组景（微地形堆坡）
29、休息座凳
30、散步小径

31、阳光草地
32、水中曲桥
33、观景平台
34、综合楼户外观景平台
35、水中艺术雕塑
36、亲水木平台
37、景石跌水
38、特色跌水景墙
39、车库组合花架（高低错落）
40、景观树（鸡蛋花）

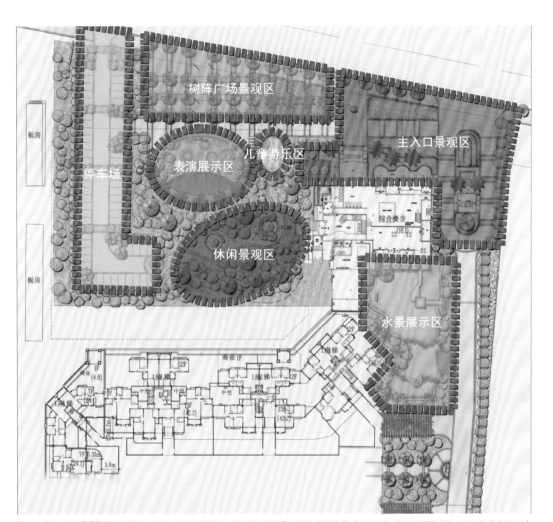

树阵广场景观区

主入口景观区

板房

停车场

表演展示区

儿童游乐区

综合楼

休闲景观区

水景展示区

板房

商业1F

■ 主入口景观区
■ 树阵广场景观区
■ 表演展示区
■ 儿童游乐区
■ 休闲景观区
■ 水景展示区
■ 停车场

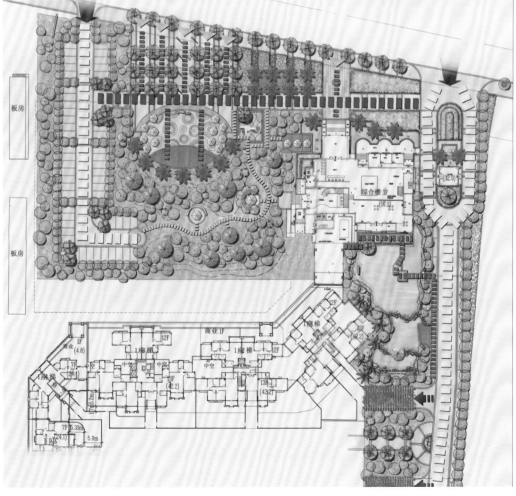

板房

综合楼

板房

商业1F

➤ 车行出入口
➤ 人行出入口
➤ 地下车库出入口
□□□□ 车行路线
■■■■ 预留临时车行路线
▪▪▪▪ 人行游览路线
···· 休闲小径

东莞金域蓝湾

项目地点：广东省东莞市大朗镇
建筑设计：广州瀚华建筑设计有限公司
占地面积：87 886 m²
总建筑面积：181 449 m²

　　项目在充分利用容积率和可接受的高层层数的情况下尽可能降低建筑覆盖率，以提供最充分的建筑室外空间，营造丰富开阔的内部园林。根据项目用地条件及周边用地情况，遵循高层低密度及"景观渗透最大化"的原则，采用最适度联排半围合的方式，把住宅划分为南北片区两大组团空间。两侧组团通过中部的建筑折形围合开口联系，既保证各组团空间的独立，又做到组团空间之间的有机渗透。

佛山凯德汉城&泊宫

项目地点：广东省佛山市禅城区
建筑设计：广州瀚华建筑设计有限公司
占地面积：164 122 m²
总建筑面积：271 362 m²

　　两地块以一整体项目统一设计，其主入口集中设于两地块之间的30 m规划路上。建筑为一梯两户，设有绿化阳台和入户花园。主要围绕景观阳台设置，可充分享受花园般的绿化环境和大面宽的优美江景。首层利用花园覆土层设置附送的半地下多功能室，提高了附加值。

　　"日"字形设计，前后花园，中间设置庭院，有效解决小面宽、大进深的通风采光问题。建筑的错层式设计减少了交通面积，增加了户内趣味性。此外，每户附送大面积、有采光的半地下多功能室及私家车库。

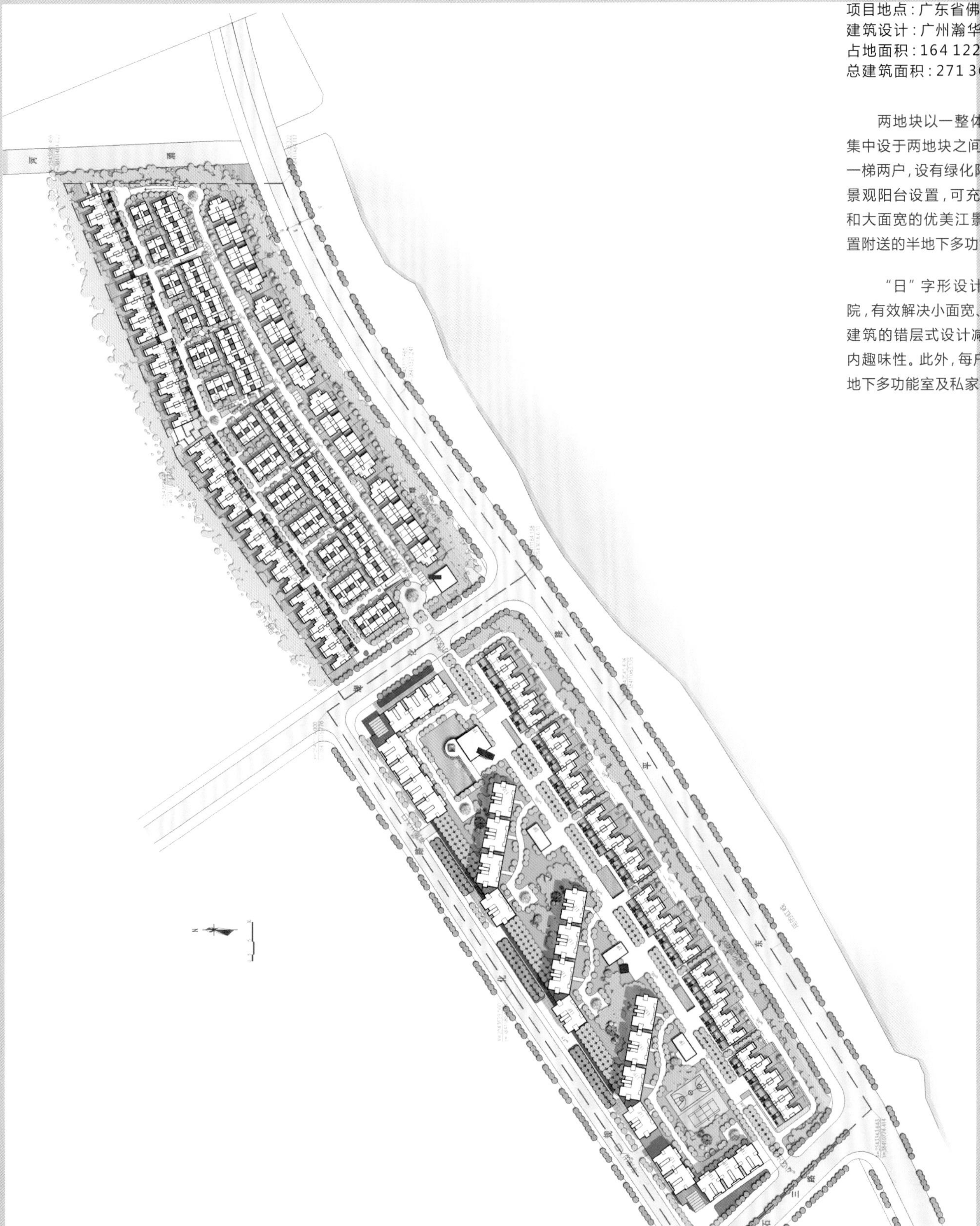

广州兰亭御园

项目地点:广东省广州市海珠区南华中路
建筑设计:广州瀚华建筑设计有限公司
占地面积:19 724 m²
总建筑面积:99 852 m²

本项目地处海珠区南华中路地段,临近有三百多年历史的古迹海幢寺。总体构思注重传统人文的延续,尝试将现代建筑和传统文化融合,打造精品文化社区。为了回避道路噪声及争取景观资源,住宅及商业均沿道路展开布置,围合出中心景观园林。小区园林由中心园林、架空绿化、空中绿化等多层绿化空间构成,叠石、水景等细部景观表现出岭南园林的精髓。

建筑地上30层,地下1层、2层设为结构转换层和架空层,并结合两层高的会所形成泛会所空间。地下车库局部结合入户大堂的入口开设了采光井。建筑造型从西关地区传统建筑文化中提取素材,运用现代处理手法结合古典窗花符号创造出新中式建筑风格。立面以白色调为主,局部搭配浅灰色调,获得适度活跃的效果。在满足节能要求的前提下,设置大幅玻璃窗,创造良好的通风和采光条件并加大了视野。

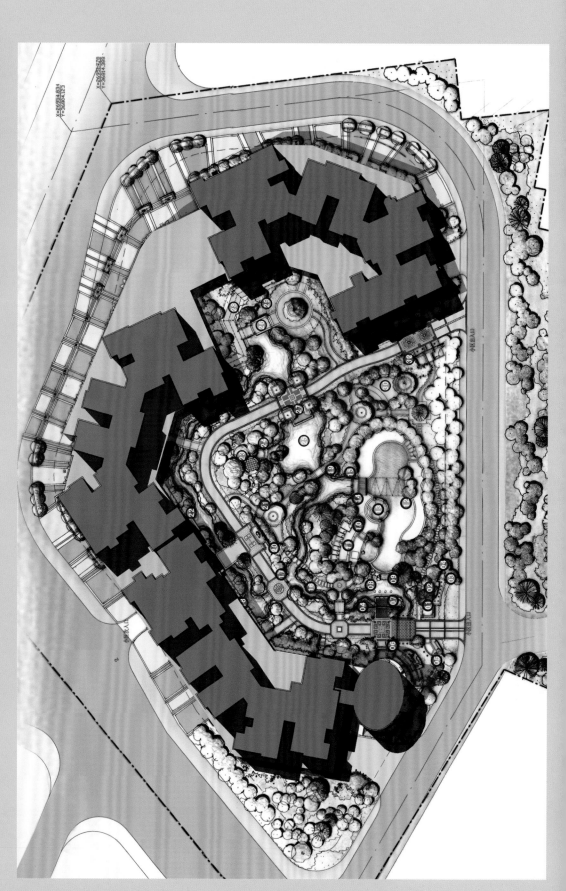

广州时代玫瑰园（一期）

项目地点：广东省广州市白云大道
建筑设计：广州瀚华建筑设计有限公司
占地面积：68 200 m²
总建筑面积：119 388 m²

　　时代玫瑰园（一期）由17栋9~13层的高层住宅围合而成，地下车库1层。小区坐落在白云山麓，可远眺山景，空气清新，环境优美。同时，设计师采用周边布置的大围合手法，留出了最大面积的中心绿化园林。

　　人性化的建筑设计创造性地将传统电梯间改造成独特的C形平面，并通过对两层单元走廊的合并处理，形成面积约50 m²的空中花园；阳光电梯间能最大限度地将室外风景纳入室内，开放的空间令每户均能享受"穿堂风"，同时使得每个单元至少有两个采光面。部分首层架空，成为一条回转蜿蜒而富于变化的情景长廊，和每隔二层设置的公共平台花园一起，为住户提供了良好的内部绿化环境和举步可及的邻里交往空间。住宅单元主要厅房沿外围布置，以获取最佳朝向和开阔的视野。

　　外立面造型采用现代主义风格，形体简洁，立体感强；外墙采用白色与红色砖搭配，配以浅灰色玻璃窗，烘托出整个小区时尚雅致的风格。

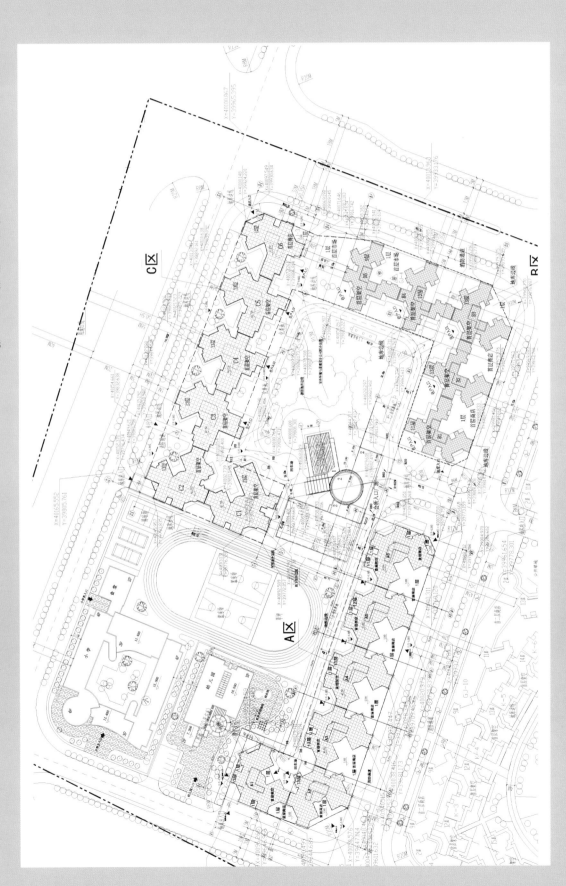

佛山信德上城名邸

项目地点：广东省佛山市顺德区
建筑设计：广州瀚华建筑设计有限公司
占地面积：29 100 m²
总建筑面积：168 062 m²

　　本项目规划形态与环境现状相吻合，反映出一种既稳重又时尚更有多层次立体感的体量形式。空间形态上，利用住宅形态差异及建筑层数的变化形成丰富的韵律感，强调整体轮廓变化。小区内部以合理的朝向变化形成开合变换，中心大花园东西向长为90 m、南北向近60 m，并形成与水系、绿带相呼应的灵动空间。多变的立面形体形成时尚、流畅和轻快的形象，构造富有特色的城市新地标。

N

比例尺：
0　10　20　30　50

总平面图

广州中海金沙馨园

项目地点：广东省广州市白云区金沙洲
建筑设计：广州瀚华建筑设计有限公司
占地面积：127 253 m²
总建筑面积：305 987 m²
设计时间：2007年

项目位于广州市白云区金沙洲南部。设计方突出人本思想，强调理性规划，注重居住环境质量。住宅首层架空，各单元入户大堂经中心花园和架空层进入，各类人流互不交叉干扰。中心花园设计水景和植物景观，在建筑、城市与道路之间形成自然的分隔和过渡。

立面采用现代欧式造型手法及元素进行设计，将现代欧式文化的新美感融入到空间中。外墙材质以浅黄色调为主，局部搭配浅灰色调以活跃立面并带出清新气息。在满足节能要求的前提下，设置大面积玻璃窗和开启扇，以获得最佳的通风和采光条件并扩大视野。

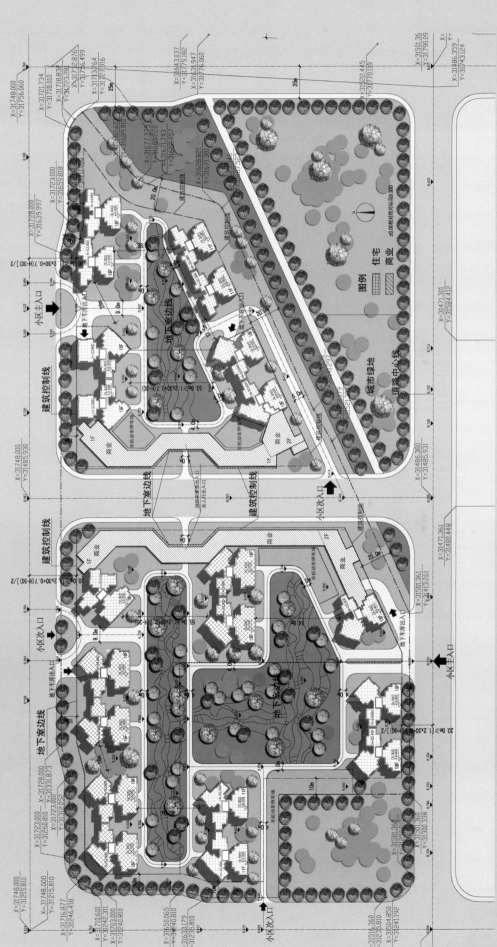

佛山三水时代城

项目地点：广东省佛山市
开发商：广州时代集团
景观设计：广州市华誉景观工程设计有限公司
占地面积：500 000 m²
建筑面积：1 200 000 m²

　　三水时代城位于佛山市三水区西青大道与工业大道的交界，属于三水区河口经济开发区，且毗临云东海经济开发区。本项目距离区中心只有约5分钟的车程。附近有三水长途汽车客运站、三水汽车站。乘车5分钟可享水都休闲国际会所、潮立方、同福食街、森林公园的卡丁车赛场等各种娱乐设施。乘车15分钟，你就已在三水广场，享受三水的繁华。不出社区，还有面积为9万 m²大型shopping场、时尚会所艺术领仕馆、国际标准室外泳池、1 km²运动公园，世界精彩尽在身边。

　　本项目景观运用简约大方的现代手法，结合舒适的空间、自然的种植，完美地创造了一个现代、休闲、自然的社区。以开放的商业空间、大气的中轴水景长廊、开阔的中央生态休闲绿地为整个小区的景观中心，充分运用动与静、开与合、现代与自然的对比，创造出有节奏、有韵律的空间，同时结合形式丰富、功能多变的组团空间和自然丰富的种植，让居民尽情地拥有和享受这个洋溢着现代气息的舒适空间。

广州保利·春天里

项目地点：广东省广州市白云区
开 发 商：保利房地产（集团）股份有限公司
建筑设计：广东省重工建筑设计院有限公司
规划设计：广州宝贤华瀚建筑工程设计事务所
景观设计：广州怡境景观设计有限公司
占地面积：18 055 m²
建筑面积：39 792.16 m²
容 积 率：1.8
绿 化 率：35%

　　保利·春天里位于广州市白云区金沙洲，
总占地面积约2万 m²，区域发展前景良好。东
北边200 m为地铁6号线首发站，约1 500 m距
离为白沙河大桥，东南边约1 500 m距离为金
沙洲大桥，南边为广佛高速公路，交通十分便
利。保利·春天里定位为多层和小高层住宅为
主的生态型、智能化小区，小区是以创建休闲
居住生活为主题的构成格局。部分临街住宅设
置有商铺及物管中心。地下室设有机动车库、
非机动车库及设备房。

　　保利·春天里的建筑风格为现代简约。设
计从景观出发，以景观设计指导规划建筑设
计，充分利用原生态地貌、周边山景湖景资
源，注重建筑与环境的和谐共生，尽可能提供
层次丰富的社区活动空间。小区采用人车分流
交通模式，车流在入口处直接进入地下车库，
服务本区住户。公共绿地包括小区级中心花园
和组团级公共绿地。中心花园由各休闲广场结
合大面积的绿化布置，配以架步、绿荫、凉亭
等园林小品，营造出一个特色庭院空间。

　　保利·春天里仅300多户，住宅多是精致
的面积为70~90 m²的两室和三室单元，包括
N+1、N+2多变户型。优化的户型设计以明卧、
明厅、明厨、明卫为基础，考虑传统居住空间模
式的同时，体现现代建筑简明实用的理念，更
包含了空间丰富的、充满情趣的入户花园等新
型居住模式需求。住宅空间层次丰富，交通紧
凑，格局方正，通风采光俱佳，户型的面积区
间和功能配置都比较适宜。

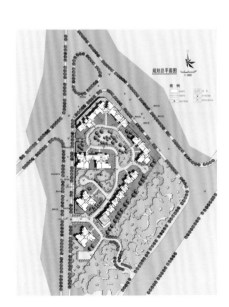

北京山水蓝维

项目地点：北京市朝阳区
开发商：山水文园集团
建筑/规划设计：北京中鸿建筑工程设计有限公司
景观设计：美国EDSA（亚洲）
占地面积：100 000 m²
建筑面积：200 000 m²

　　山水蓝维项目位于北京市朝阳区北苑地区，总建筑面积约20万 m²，总占地面积约10万 m²。本项目一期多层住宅原为中鸿公司设计的朝来绿色家园A区，原用于来广营乡农民定向安置，为普通六层住宅；建成以后由山水文园集团整区买入，根据市场定位进行改造。中鸿公司与相关设计合作团队承担了改造设计任务，并与二期新建小高层住宅部分统一规划，形成一个整体和谐统一的具有山水情调的法式社区。

　　项目外墙外保温及节能保温门窗是目前经济实用且节能效果较好的绿色建筑技术。但外墙外贴保温层后的外墙饰面怎样才能处理得厚重一些，一直没有简单实用的做法。公司在一期多层住宅设计中采用结构外墙外预留一定空隙砌筑劈裂面混凝土砌块，

并在空隙内灌注保温材料的做法，再通过不同颜色、质感、尺度砌块的搭配处理，使整个建筑显得厚重、沉稳，并永无面砖之类粘贴饰面日久脱落的风险。米色为主的厚重石材质感墙面与改造后的蓝灰色铝板、窗框、灰色玻璃及蓝灰色屋顶相得益彰，形成整个建筑独特的现代法式风格。

　　山水蓝维台地花园及高层围合多层体现山的主题，中心湖与瀑布、喷泉、小溪、石桥组成的水系体现水的主题。贯穿整个小区宅前的小溪使得户户亲水，同时又为首层私家花园自然界定。整个水系为法式的庄重融进了灵动的血液，为其增添了柔美的浪漫情调。

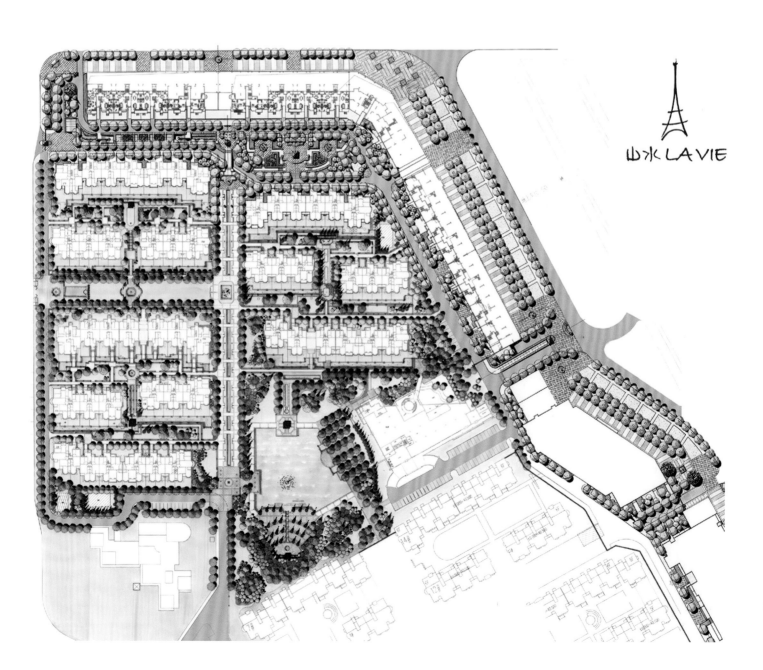

山水 LA VIE

绵阳卓信龙岭高档居住区

项目地点：四川省绵阳市
开发商：绵阳市卓信实业有限公司
景观设计：普梵思洛（亚洲）景观规划设计事务所
占地面积：30 925 m²

  绵阳卓信龙岭高档居住区位于四川绵阳涪城区科创园园艺新城，紧邻面积为8万 m²的人工湖，毗邻西山公园，拥有开阔的视野，良好的空气质量，媲美国际一流人居的地理价值。政府着力打造的面积为160万 m²园艺新城东临西山，南接高新区，北依33万 m²原生林带，安静、幽雅、原生态的环境造就了区域的绝佳居住价值。项目总占地面积30 925 m²，原规划定位为园艺片区第一个全小高层精品人居社区，地震后以675个日夜的精雕细琢和89套设计方案的智慧选择，建筑设计方案由小高层改为花园洋房，规划了8层及12层阔景电梯洋房，创新Town House、空中别墅、花园洋房成为园艺新城高尚社区的点睛之笔。

  项目整体景观内外相融，和谐相生，小区以南北向中轴景观为主线，在景观轴线中以"水"为灵魂，增加了灵动。中庭主景观大气幽雅，溪流、水面、瀑布、泊岸、喷泉以及亭台楼阁、小品景观和大量的林木、花卉、草皮的运用，更显小区的品质高雅。首创立体绿地健康住宅，创新亚洲SPA主题园林，融合园艺片区的独特自然人文优势，兼顾典雅与时尚，缔造优雅从容的生活境界。小区内采用完全人车分流，拥有面积为1 600 m²的社区文化广场和5 000 m²社区文化商业中心。

  出于功能和造价上的综合考虑，整体景观设计讲求主次分明、重点突出的原则。从园林景观的整体结构看，主入口与主要节点地方，将进行重点打造；其他位置将以植物造景为主，使功能、造价尽量达到合理的控制。景观设计中，以空间对比的手法运用最多，将具有明显差异的两个比邻空间安排在一起，借二者的对比作用而突出各自的空间特点。在综合运用不同设计手法的同时，注重景观设计场景化的空间营造，充分体现现代新亚洲风格精髓。

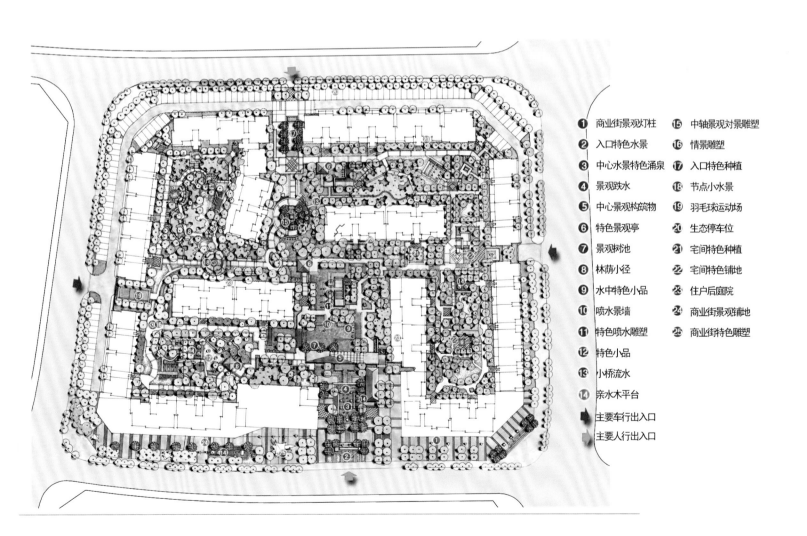

1 商业街景观灯柱　2 入口特色水景　3 中心水景特色涌泉　4 景观跌水　5 中心景观构筑物　6 特色景观亭　7 景观树池　8 林荫小径　9 水中特色小品　10 喷水景墙　11 特色喷水雕塑　12 特色小品　13 小桥流水　14 亲水木平台　15 中轴景观对景雕塑　16 情景雕塑　17 入口特色种植　18 节点小水景　19 羽毛球运动场　20 生态停车位　21 宅间特色种植　22 宅间特色铺地　23 住户后庭院　24 商业街景观铺地　25 商业街特色雕塑　主要车行出入口　主要人行出入口

珠海华发蔚蓝堡

项目地点：广东省珠海市
开发商：珠海华发实业股份有限公司
建筑设计：珠海华发建筑设计咨询公司
占地面积：244 000 m²
建筑面积：317 000 m²

华发蔚蓝堡坐落在珠海市唐家湾，位于淇澳大桥桥头、情侣北路北侧，北望淇澳山海景观，南临中国历史名人汇聚的古镇唐家湾镇。蔚蓝堡是华发进入珠海东部的第一个项目，将以西班牙异域风情为主题，结合山、海、滩涂等多重自然景观与历史文化名镇的城市人文景观，打造出高品质、建筑风格鲜明的西班牙风情小镇。项目总占地面积约24.4万 m²，建筑面积约31.7万 m²，绿化率约39%，容积率约1.3。

华发蔚蓝堡的建筑风格极具特色。在立面设计上，通过采用文化石和明黄色两种色调的对比，以及坡顶、木构架等建筑构件之间的有机结合，表现出建筑永恒的特性，使地块内的建筑既能适应周边整体环境的需求，成为城市肌理和谐的一部分，又能以其独特的文化气息，成为区域内的一个亮点。完整和谐的整体格局与精心设计的建筑细节充分体现居住建筑在走向理性的同时，又注重对人性的全面关怀。设计中始终以"人居"为基准点，追求居住的舒适度与品位，同时建立起社区的独特风格。

项目的建筑结构共有花园洋房、小高层和高层三种。花园洋房以"别墅的第四种表情"为主题，打破传统多层住宅概念，把双拼别墅概念应用在花园洋房之中，在花园洋房中实现有天或有地的别墅般享乐主义空间。小高层和高层单元注重朝向与淇澳山海景观的利用，最大化地发挥景观价值优势，同时利用地块低容积率的优势，充分借助多层洋房营造出的西班牙建筑风情和园林双重景致，实现景观价值的最大化。小高层每户主要为125~145 m²的三室单元，高层每户主要为90~180 m²的两室、三室和叠加复式单元。

深圳宝能太古新城

项目地点：广东省深圳市
开发商：宝能地产有限公司
占地面积：191 510 m²
总建筑面积：380 000 m²
容积率：3.5
绿化率：50%

　　宝能太古新城位于深圳南山后海湾核心位置，其东、南临深圳湾，北接南山区RBD中心，紧邻香港西部通道，是深圳最后一个大型滨海高档住宅区。宝能太古新城由17座高层组成，分南、北二区，并由空中走廊连通南北。北区主力户型建筑面积为130~170m²的三室、四室，207~306m²的四至五室及顶层复式；南区主力户型为40~89 m²的一至三室。

深圳中海·月朗苑

项目地点：广东省深圳市
开发商：佳盛发物业发展（深圳）有限公司
景观设计：香港阿特森泛华建筑规划与景观
设计有限公司
景观面积：48 000 m²

项目地块受限因素比较多，鉴于此，景观设计的过程寻求最佳的设计灵感，来赋予该地块人、生态、景观艺术相互融合的生动环境。设计者尽可能通过创建多种空间组合的方式，不仅为该设计的享有者营造出一个浓厚的"家"的氛围，而且也为到此参观的游人们展现了家的情意和朝气蓬勃的生活环境。

在总平面图中，由于地块受限，设计过程中不允许过于繁杂的设计元素，取而代之的是自然简洁、精致且富有内涵的元素，这也是该设计的灵魂理念。融合外部景观元素与建筑物内部结构是该方案的首要目标，例如较大面积的建筑底部架空层的处理，便最完美地体现了这一目标。这种灵魂理念深入到现实设计中逐渐演变成自然纯真感觉的创作过程。在青葱的热带园林的背景下，潺潺细泉淙淙地滑过大漂石，浓密的树木垂挂着晶莹剔透的四季水果，让景观变得更加富有灵气。花团锦簇的灌木丛、修葺平整的草坪散落在漫步道的两侧，展现出自然惬意的生活空间。

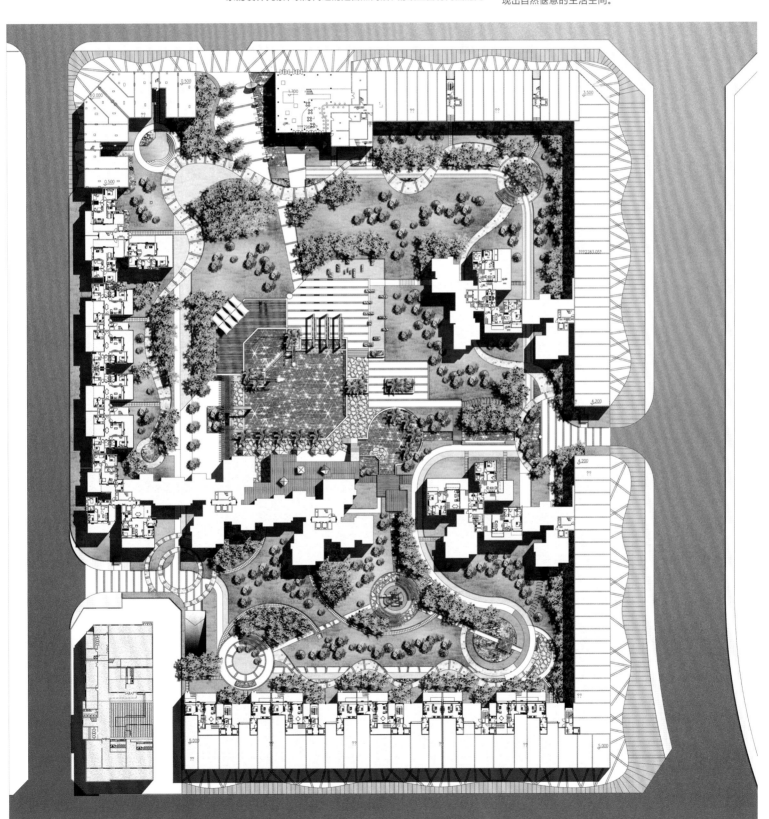

北京非中心

项目地点：北京市
建筑设计：北京中联环建文建筑设计有限公司
主设计师：王昀、金江

　　非中心作为新一代的商务科技园，设施齐全，功能完善，环境宜人，补充了定福庄作为大的生活居住区在办公、商务等功能上的缺失。项目是适合年轻人创业和快节奏生活的活力空间。规划形态及内涵富有针对性，是一个丰富多彩的适合诸多生活与工作模式的社区。

　　居住区大环境中的创意工坊承袭一期商务花园的创新与文化理念，延续一期在总图格局与单体造型上的灵活与自由品质，使二期的形态不再是规划建筑层面上或居住或办公的单纯物理概念，而完全有别于周边产品，成为能够产生灵感、激情和冲动的聚集地。

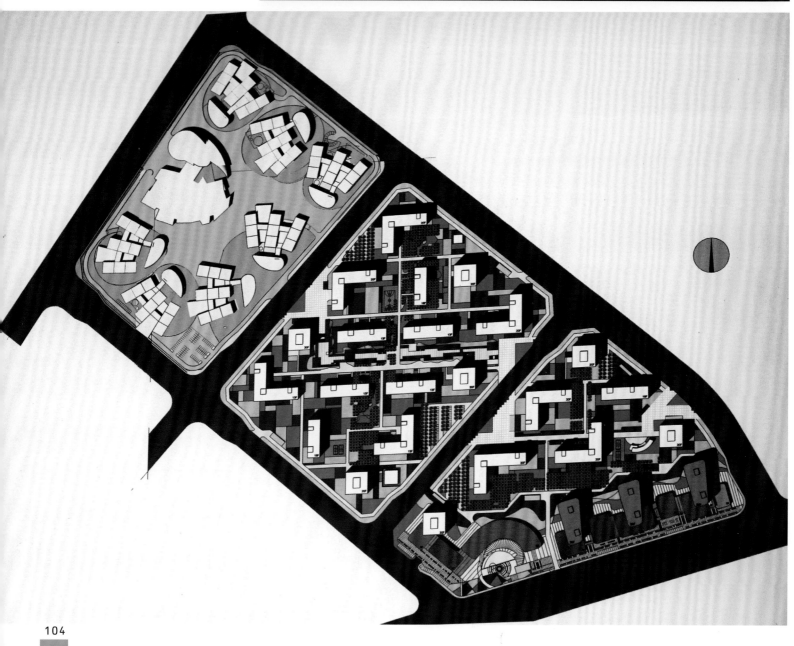

佛山东林美域商住小区

项目地点：广东省佛山市顺德区
开发商：佛山顺德区新域房产有限公司
占地面积：16 000 m²
总建筑面积：45 000 m²

　　东林美域商住小区位于佛山市顺德区，东面为桂南公园，西临桂中路，北面紧临以十八层住宅为主的君御花园，南面为立田路。东林美域总建筑面积为4.5万 m²，占地面积为1.6万 m²，容积率低，绿化率高。项目一期建筑面积70~110 m²的三室两厅单元，其户型采用南北通透设计，方正明亮。部分户型超大景观阳台，一览公园无限美景。

　　小区配套有游泳池、儿童乐园、休闲广场、会所。社区配有物业管理的智能化系统，为业主提供安全舒适的居住环境。以东林美域为中心，划一个车行十分钟生活圈，几乎覆盖了顺德区大良镇顶级的生活配套资源：吉之岛、乐购、沃尔玛、现代街市等大型购物中心环绕四周；新领域运动公园、顺峰山公园、桂畔公园、桂南公园等休闲设施，以及新德业第一幼儿园、一中附小、东区中学、一中高中部等优质学府也近在咫尺。

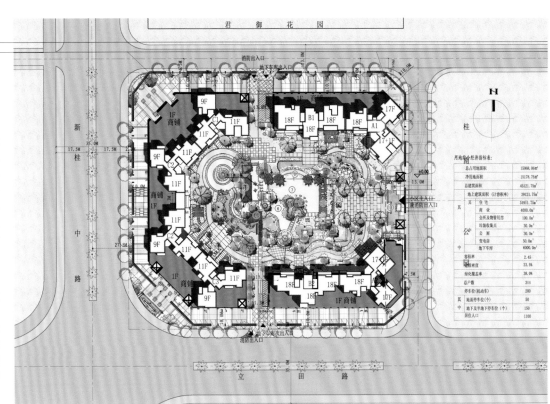

北京橡树湾

项目地点：北京市海淀区
开发商：华润置地（北京）股份有限公司
占地面积：310 000 m²
总建筑面积：760 000 m²

　　橡树湾地处北京海淀区上地中关村板块，北五环北侧、八达岭高速与上地信息产业基地之间。华润置地以全新的模式对其进行综合开发建设，包括高品质住宅及区域最大、最高档的综合商业中心。建成后，橡树湾将成为居住宜人、商业便利、配套齐全、交通便捷的中国硅谷生活城。

　　橡树湾以重现"学院生活样式"的理念指引社区总体营造，从软硬件设施上构筑一个校园意象式生活小镇。橡树湾利用现状大树、地形坡地、红砖铺砌等自然元素来表现学院情境，让东、西方校园文化及国际化生活方式融汇于景观细节之中，为人们营造一个期待已久的情感社区，强调归属感，提升生活品位，达到自然建筑与生活的共同和谐。橡树湾以西式廊柱、门廊、浅水、雕塑、广场、喷泉等诸多元素点缀于园林之中，既有历史感的印迹和记忆，又有现代感的简洁与酣畅，散发出温和静雅、自然和谐的气质。更多的是平静的抒情、细致的笔触与平和的神情。整个园林环境幽静疏朗，舒展着一种人文气质，体现高尚的学院式生活品格。

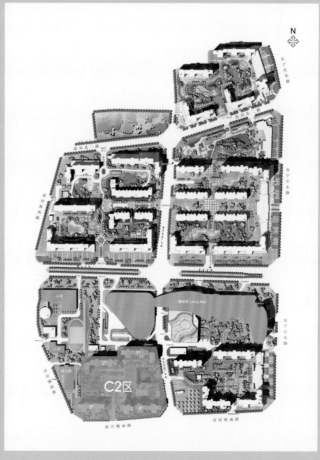

深圳振业峦山谷(一期)

项目地点:广东省深圳市
开发商:深圳市振业(集团)股份有限公司
规划/建筑/景观设计:深圳市清华院建筑设计有限公司

　　振业峦山谷(一期)位于龙岗生态片区宝荷路与沙荷路交会处,毗邻深圳汽车电子总部基地和留学生创业园,是宝龙科技园内最大的商住综合配套项目。项目共有13栋建筑3 422户,设有面积为30 000 m²的商业中心、5 000 m²的区级文化中心、2 500 m²的运动场所、3 000 m²的幼儿园,并规划九年制公立学校一所。

山体景观

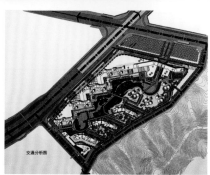

交通分析图

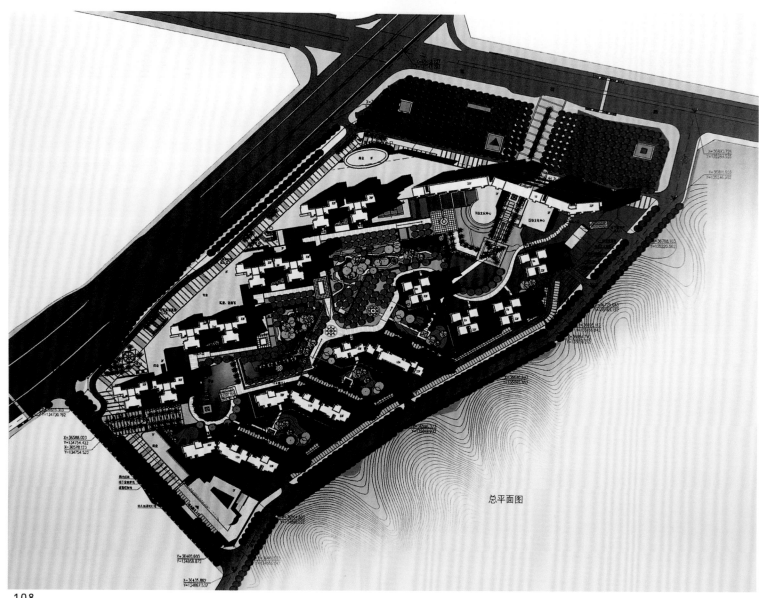

总平面图

临沂凯润花园

项目地点：山东省临沂市
开发商：临沂凯润置业
占地面积：86 373 m²
总建筑面积：281 018 m²

　　凯润花园由15栋18~32层的建筑组成。其中住宅建筑面积198 042 m²，商业18 938 m²，酒店式公寓30 160 m²，会所、幼儿园等配套公共建筑1 878 m²。项目分为三期开发，计划五年内开发完毕。届时一座具有现代风格，集高尚住宅、高档酒店公寓、购物中心为一体的江滨生态社区将呈现在人们眼前。

　　凯润花园倡导和遵循人性化、个性化的开发理念，不仅仅只是质量可靠、设计合理、环境优美的高档社区，更重要的是为广大市民搭建一个相互沟通、深化交流的精神平台，充分体现加强社会和谐的文化特征。凯润花园将以文化传承的新居住理念，打造出健康、舒适、现代、高尚的临沂"水岸亲情社区"。

阳江安宁路住宅

项目地点：广东省阳江市江城区安宁路
建筑设计：深圳库博建筑设计事务所
占地面积：41 818 m²
总建筑面积：55 970 m²
容积率：1.29
绿化率：45.5%

项目充分利用周边自然资源，旨在打造高端社区。在规划上，精简建筑栋数，扩大庭院空间，以增加更多的景观面，让社区内更多的户主都能获得良好的景观。

简约现代的建筑立面造型顺应时代的步伐，在不破坏周边环境的基础上，尽量地突出自我，完全遵循现代建筑设计原则。简洁的线条使得整体建筑简约大气，形象统一。

地库出入口均结合外环线设计，机动车停车位以地面为主，并结合消防道路地面布置。社区内部仅设计完整的步行系统，以人为本，考虑尺度的适宜性和舒适型。合理设置景观，形成步移景异的空间效果。

整个小区设置多个景观节点，在主轴内侧引入小溪，以丰富小区空间景观形态。通过绿化步行道和视线通廊串联各栋住宅，保证周边环境与小区景观的相互渗透，与社区公共设施包括商业设施等结合，构成社区居民活动、休息的公共休闲场所。

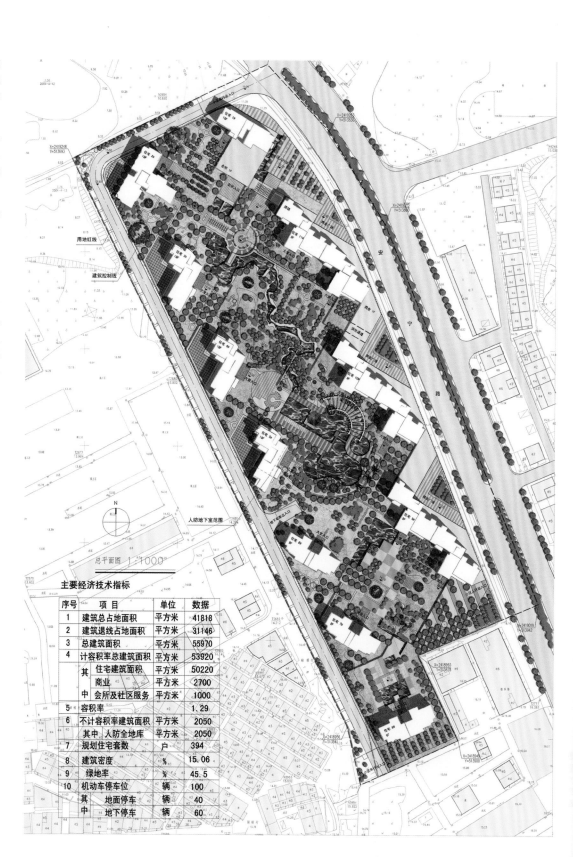

总平面图 1:1000

主要经济技术指标

序号	项目		单位	数据
1	建筑总占地面积		平方米	41818
2	建筑退线占地面积		平方米	31146
3	总建筑面积		平方米	55970
4	计容积率总建筑面积		平方米	53920
	其中	住宅建筑面积	平方米	50220
		商业	平方米	2700
		会所及社区服务	平方米	1000
5	容积率			1.29
6	不计容积率建筑面积		平方米	2050
	其中	人防全地库	平方米	2050
7	规划住宅套数		户	394
8	建筑密度		%	15.06
9	绿地率		%	45.5
10	机动车停车位		辆	100
	其中	地面停车	辆	40
		地下停车	辆	60

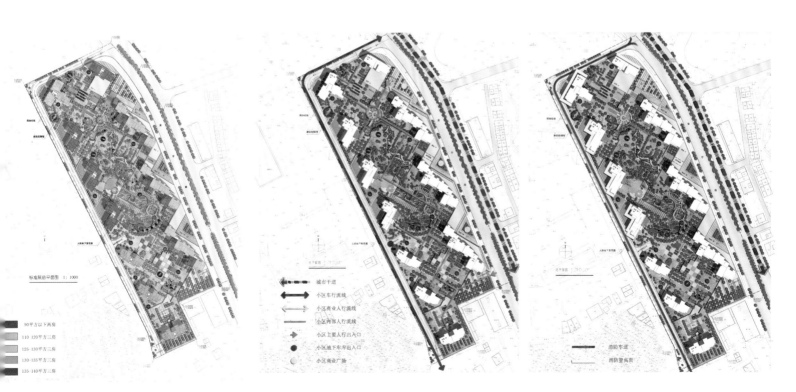

标准层总平面图 1 : 1000

90平方以下两房
110-120平方三房
125-130平方三房
130-135平方三房
135-140平方三房

城市干道
小区车行流线
小区商业人行流线
小区内部人行流线
小区主要人行出入口
小区地下车库出入口
小区商业广场

消防车道
消防登高面

人防地下室位置

高层及多层位置分布

| | 人防地下层位置 | | 标准层（高层） | | 标准层（多层） |

| ▶ 小区主入口 | ▶ 车库入口 | ▶ 大堂入口 | ■ 会所 | 内部景观空间 | 商业空间 |
| ▶ 小区次入口 | ▶ 车行出口 | ▶ 商业入口 | 商业区域 | 城市公共空间 | ▪▪▪▪ 车行交通 |

徐州煤建路改造

项目地点：江苏省徐州市
开发商：徐州矿务集团有限公司
建筑设计：圣石建筑

　　项目位于城市交通干道的交会处，包括五栋
多层、小高层或高层建筑。其中，街角拐弯处布
置一栋小高层，一、二层用作商业。地块西北角
布置一栋多层建筑，用作管理办公等。其他建筑
楼层为居住功能。四栋居住楼围合成庭院，提供
了良好的景观视野。

徐州煤建路改造

SMALL
HIGH-RISE
RESIDENTIAL
BUILDING
综合
小高层住宅

Straight line
直线　　　116-211

长春御翠豪庭

项目地点：吉林省长春市
开发商：和记黄埔地产有限公司
建筑设计：陈世民建筑师事务所有限公司
占地面积：205 700 m²
总建筑面积：360 000 m²

　　御翠豪庭总建筑面积超过33万 m²，运用西式现代风格并融合了欧洲古典建筑的元素，外观设计幽雅，用色柔和。户型设计特别采用全明方案，所有房间都拥有极佳的采光和通风效果。标准房型的设计尤其精致实用，住户可按喜好，灵活运用每寸空间。户型除建筑面积90 m²3室2厅单元外，还包括180 m²及270 m²的大户型单元，实现两代共处、三代同堂又相对独立的现代居住要求。

　　御翠豪庭项目预计分两期开发，园区主入口处以北为一期，以南为二期。一期产品共有15座小高层及4座双拼别墅，包括地下连花园及顶层复式单元。小高层产品13层，一期产品的户型建筑面积最小为90 m²，以2室2厅、3室2厅为主，全部为毛坯房。二期产品正式命名为御翠豪庭尚府，御翠豪庭尚府将构建8座小高层及14栋联排别墅，共约900户房源，提供多种户型选择。而即将推出的联排别墅，建筑面积分别为约190 m²、220 m²及260 m²，包括地上三层住宅及半地下车库，全部户型为南北向。容积率低于1.5，采用人车分流的动线设计、专业稳健的港式物业管理服务、充满艺术气息的社区花园，以及备有游泳池、雪茄吧、健身房等设施的豪华会所。不论健身或娱乐，都充分照顾了住户专属尊崇的居住感受，让住户在繁华相伴的同时，又拥有不失休养身心的净土。

北京钓鱼台7号院

项目地点：北京市
建筑设计：清华大学建筑设计研究院
主设计师：庄惟敏、方云飞、梁增贤
占地面积：16 700 m²
总建筑面积：73 000 m²
容积率：2.58
绿化率：30%

　　钓鱼台7号院位于国家中央政务区核心地带，地处北京市西三环内的玉渊潭公园北岸，东侧紧邻钓台国宾馆，全国最为重要的金融街核心区近在咫尺，又与著名的科技文化区"中关村"相毗邻，周边高等学府云集，文化氛围浓厚。

　　项目整体规划依据地形条件及地块独特的景观资源，精心打造四栋人文建筑，精装100席建筑面积为300～600 m²的湖岸大宅沿玉渊潭湖面由东向西一字排开，全部南向面湖。3.4 m豁朗层高、7～12 m客厅面宽、270度瞰景户型、首层复式与顶层大平层设计，满足了客户尊贵生活的需求。建筑的整体轮廓构筑为"山"形，与南侧的玉渊潭的水相得益彰，隐喻山水相映，符合中式传统理想的人居观念。不同楼座起伏的高低关系配合建筑坡屋面的顶层轮廓设计，为公共环境勾勒出优美灵动的城市天际线。园林规划则遵循人与自然、建筑的和谐统一，与玉渊潭湖面交相辉映，呈现礼制尊崇与自然交融的和贵之势。

惠州秋谷康城

项目地点：广东省惠州市
开发商：惠州大亚湾鑫浩房地产开发有限公司
景观设计：深圳城建工程设计院
总占地面积：80 265 m²
总建筑面积：288 421 m²

　　秋谷康城位于大亚湾西区石化大道与龙兴路交会处。项目配套齐全，楼间距超过60 m。 项目距离沿海高速大亚湾出口8分钟车程，距离坑梓收费站出口5分钟车程，距离深圳地铁三号线坑梓地铁口10分钟车程，公交317、318、138等线路于西区一中站下车往熊猫国际方向走约500 m即可到达本项目。总占地面积80 265 m²，总建筑面积288 421 m²，绿化率为38%，项目分四期进行开发。

　　秋谷康城的户型以两室建筑面积70 m²左右，三室93 m²左右，四室115 m²左右为主，定位为高档住宅，超大楼间距60 m。社区内部配套有游泳池、会所、幼儿园、超市、网球场、羽毛球场等。

惠州新园华府

项目地点：广东省惠州市
开发商：大亚湾卓洲投资发展有限公司
建筑设计：深圳市城建设计有限公司
占地面积：30 695 m²
建筑面积：130 845 m²

　　新园华府位于惠州大亚湾西区工业园区内，占地面积306 95.82 m²，建筑面积达130 845.29 m²，其中商业面积逾2万 m²。容积率3.99，共计六栋，层数为18~30层不等。

　　新园华府整体建筑采取欧式建筑风格，在建筑外空间形成高低起伏，错落有致的格局，强调个性化的情感空间，并与景观有机结合。项目充分展现休闲、康居等多重功能。园林景观同样如此，在紧扣生态化、人性化、科技化等主题的主旨下，采用欧式风情园林及游泳池规划，彰显人性居住尺度。住宅与商业比例的合理划分、周边天然氧吧的围绕，都使生活从容舒适。

北京领袖·新硅谷（C、D区）

项目地点：北京市中关村科技园
景观设计：加拿大宝佳国际建筑师有限公司
主设计师：李斌
用地面积：160 000 m²
总建筑面积：245 123 m²
容积率：1.22

　　领袖·新硅谷项目位于北京市中关村科技园核心区的北部，是北京市中关村科技园配套的住宅项目。此景观设计针对项目二期的C、D区。C、D区规划有别墅、多层、高层多种住宅类型，以别墅类建筑为主，高层与多层主要集中在用地外围，如地块的南北两侧边缘地段以及C区的东侧地段。

　　根据园区的建筑和空间布局，设计将园区分为四个组团。每个组团各具特色又相互联系。其中设计了多个特色景点，分别命名为绿色漫步廊道（别墅组团）、静谧休闲花园（公寓组团）、动感活力长廊（高层组团）、形象展示广场（中心组团），彼此呼应、协调一致。

　　组团空间内，疏密相间，高低错落，有实有虚，有明有暗，可谓格调多样，形态丰富。各主题组团又统一在小区追求自然生态的大主题景观之中，和谐统一，浑然一体。

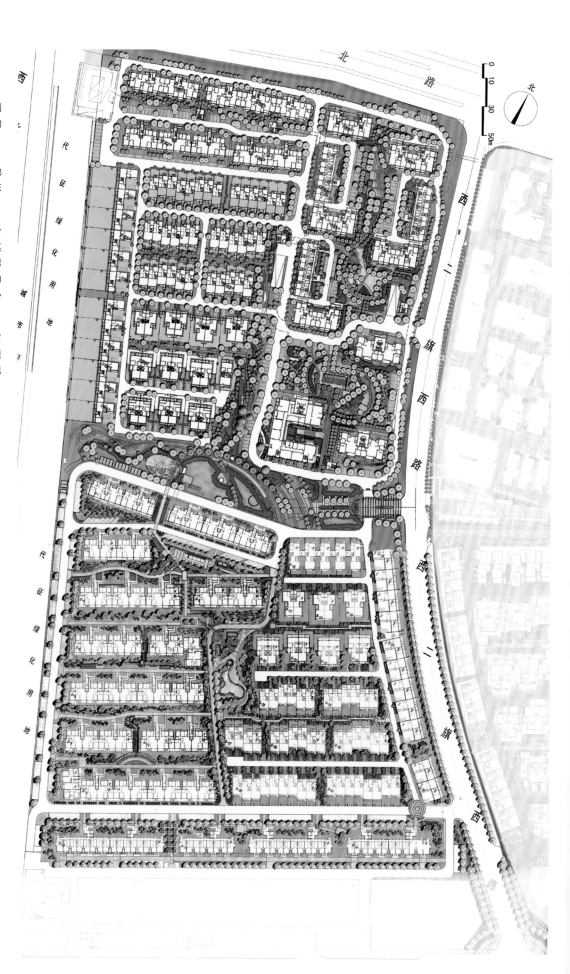

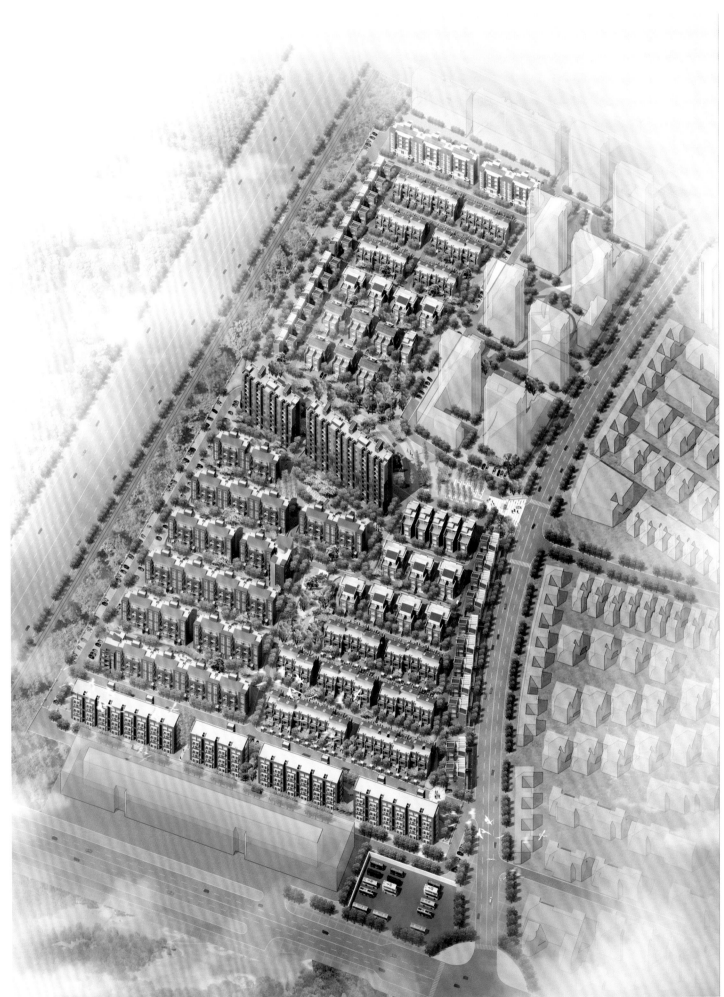

北

0　10　　30　　50m

商业
独栋别墅
双拼别墅
连排别墅
花园洋房
小高层公寓

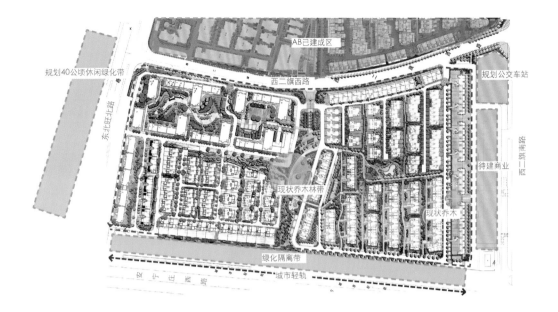

功能空间分析图

———— 景观交通空间
● 休憩空间
目标活动空间
● 老人活动空间
● 儿童活动空间
● 聚会空间
● 交往空间

车行流线分析图

← 小区主入口
← 小区次入口
———— 车行线
———— 消防车道线

景观照明设计图

● 高干庭院灯
○ 庭院灯
● 草坪灯
— 地灯带
○ 池底灯
● 照树灯
● 地埋灯

小品设施分布图

— 座椅
● 健身器材
○ 儿童活动器材
T 指示牌
■ 垃圾桶
▲ 景石

景观结构分析图

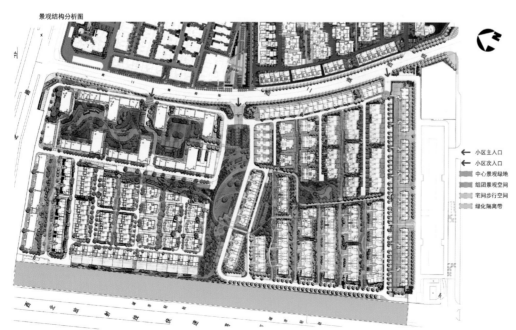

← 小区主入口
← 小区次入口
■ 中心景观绿地
■ 组团景观空间
■ 宅间步行空间
■ 绿化隔离带

停车位优化设计

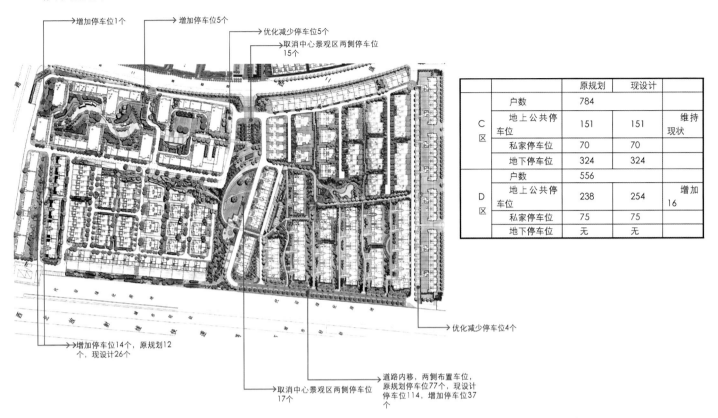

→增加停车位1个
→增加停车位5个
→优化减少停车位5个
→取消中心景观区两侧停车位15个

		原规划	现设计	
C 区	户数	784		
	地上公共停车位	151	151	维持现状
	私家停车位	70	70	
	地下停车位	324	324	
D 区	户数	556		
	地上公共停车位	238	254	增加16
	私家停车位	75	75	
	地下停车位	无	无	

→优化减少停车位4个

→增加停车位14个，原规划12个，现设计26个

→取消中心景观区两侧停车位17个

道路内移，两侧布置车位，原规划停车位77个，现设计停车位114，增加停车位37个

回家路线设计图

← 小区主入口
← 小区次入口
← 步行入口
━ ━ 景观步行景观主线
┄┄ D区别墅回家路线
┄┄ D区洋房回家路线
┄┄ C区别墅回家路线
┄┄ C区高层回家路线

北京苹果派

项目地点：北京市朝阳区
开发商：今典集团
占地面积：88 800 m²
总建筑面积：200 000 m²

苹果派位于北京东部最大的绿色生态居住区——定福庄组团，附近有星河湾、逸翠园等高档住宅，非中心的出现和汇聚世界级品牌与亚洲最完善的时装城"世界服装之窗"的启动，将迅速带动区域日臻成熟。苹果派西侧紧邻面积为2 000 000 m²的城市树林，北侧是规划中的国际标准高尔夫球场。社区园林将自然引进社区，使建筑也成为自然的一部分。

苹果派14栋9.5~11.5层的板式小高层均匀分布，所有楼座皆正南北向，延续苹果社区大楼间距、大面宽、短进深的特点，视野开阔，所有房间均可平等分享景观。部分单元的转角窗设计让室内空间更显通透，也带来270度景观，把窗外的树林和园景引入室内，使立面富有变化和视觉节奏。

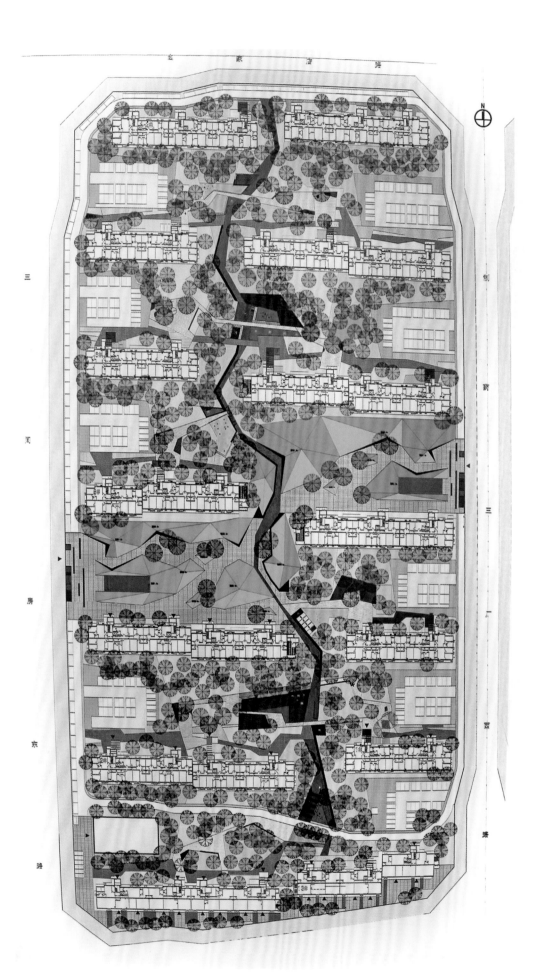

北京阳光上东

项目地址： 北京市朝阳区
开发商：阳光新业地产股份有限公司
规划设计：美国GENSLER公司
景观设计：ECOLAND易兰（亚洲）规划设计
公司
占地面积：470 000 m²
总建筑面积：718 000 m²
容积率：1.7
绿化率：38.00%

　　阳光上东位于北京市的东北部东北四环
霄云桥东南角。项目地处燕莎和丽都两大涉
外商圈之间，是北京的上东富人区。整个用地
分为A、B、C三个区域，A区为公建区，占地面
积约10 300 m²，拟建酒店和酒店式公寓，地上
建筑面积56 000 m²；B区占地面积41 800 m²，
地上建筑面积为73 000 m²，是"阳光上东"
密度最低、品质最高的社区；C区占地面积
154 600 m²，地上建筑面积约为410 000 m²，
容积率为2.65。C区的住宅在布置上基本为街
坊式布局，由城市景观走廊和自然绿化走廊将
C区划分为九个居住组团，每个组团由形态各
异的住宅围合而成，建筑层数从7层到33层。
这种差异性的住宅组合很自然地形成了每个组
团的不同风格。

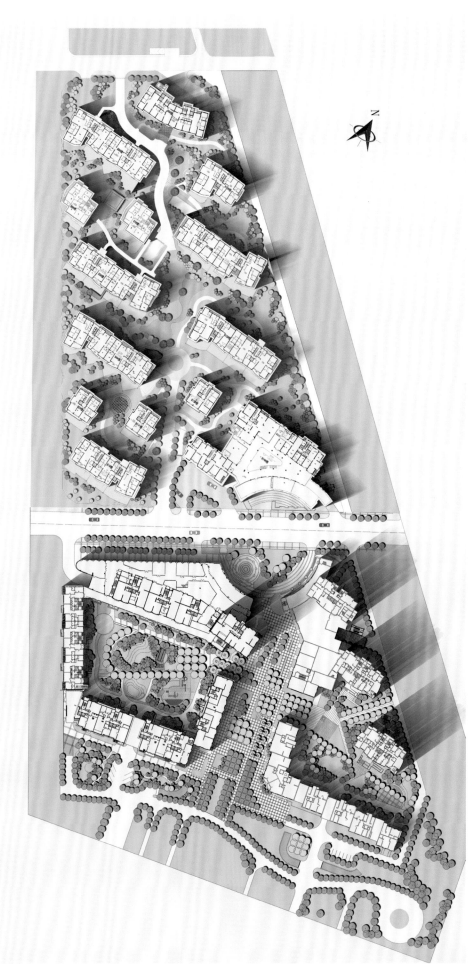

沈阳保利心语花园

项目地点：辽宁省沈阳市
开发商：保利房地产（集团）股份有限公司
建筑设计：北京创研建筑设计中心a.c.c.
主设计师：晏青
占地面积：145 000 m²
总建筑面积：280 000 m²
容积率：1.93
绿化率：39%

　　保利心语花园位于沈阳市铁西区重工街与熊家岗路交会处，东南侧紧邻沈阳铁西"五馆一场"。距离正在建设中的地铁1号线重工街站大约1 000 m。重工街为沈阳二环路路段，城市交通非常便利。项目南侧紧邻沈阳市内最大的森林公园——铁西城市森林公园，将开辟面积近10万 m²的商业配套，满足人们多样化的生活需求。

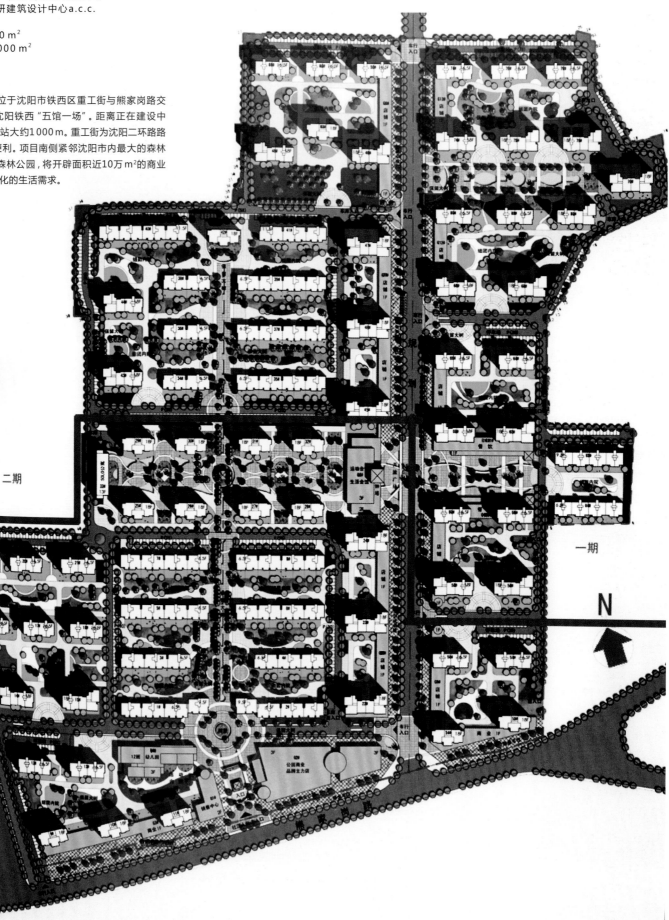

北京雅世·合金公寓

项目地点：北京市
开发商：雅世置业（集团）有限公司
规划设计：中国建筑设计研究院
建筑设计：中国建筑设计研究院
　　　　　市浦设计事务所
景观设计：凤设计事务所北京建王技术咨询有限公司

　　雅世·合金公寓位于长安街北侧，西部金融区与政务区之间的中国政经腹地，中国政治、经济的最高决策领域在此交会。国家部委、军区以及航天二院等国家部委决策机构和诸多研究机构在此聚集，形成极具北京特色的场所。五棵松篮球馆、北京国际雕塑公园、中央电视塔等典型地标，使之成为西部重要的生活区。

　　雅世·合金公寓最大的创新亮点在于"小户型里的大空间"的惊喜设计，打造出紧凑而多变的居住空间，创造了小户型、多功能的精品建筑。雅世·合金公寓通过一横两纵四院总体整合，以复合性街区，创造出居住、活动、娱乐混合型的都市空间。在景观设计上，充分汲取亚洲园林智慧，打造独具匠心的禅意园林——在围合的空间中打造汀步之景、绿丘之景、林荫之景、裂岩之景四大景观院落。精致布局，在创造住宅统一感的同时，通过在这种富有逻辑性的园林中营造出简单而丰富的变化，感受平和而强大的力量。

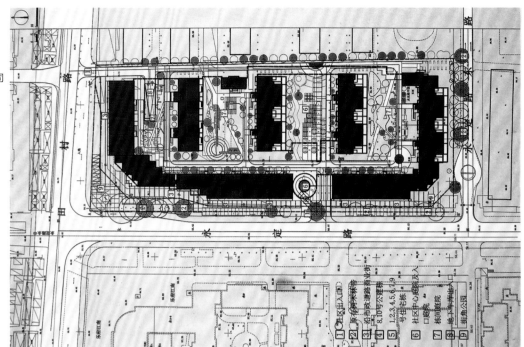

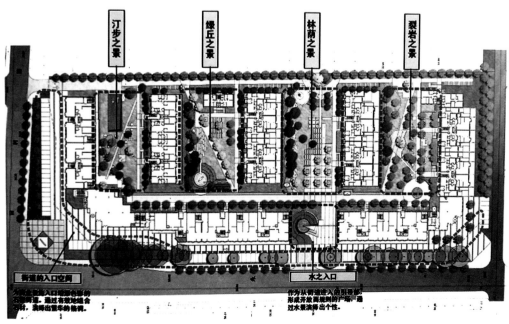

绿地配置和绿化系统

北京中粮·万科长阳半岛

项目地点：北京市
开发商：北京中粮万科房地产开发有限公司
规划设计：北京市建筑设计研究院
建筑设计：北京市建筑设计研究院
　　　　　北京市住宅建筑设计研究院
景观设计：世纪麦田

　　中粮·万科长阳半岛位于京良路南侧，距离京石高速长阳出口约3km，从京石高速西三环六里桥到京良路出口仅10余km。紧邻轻轨交通，房山线可与地铁9号线实现换乘，方便抵达丽泽商务区、公主坟、中关村等市区热点区域。

　　项目将自建面积为18万m²商业配套，包括商场、会所、大型超市、餐饮、文化娱乐等，营造浓厚的国际休闲氛围。居住、办公、休闲、娱乐、健身等多种生活需求全部满足，特色服务及多元消费概念的融合，使其成为更具亲和力的繁华商区。

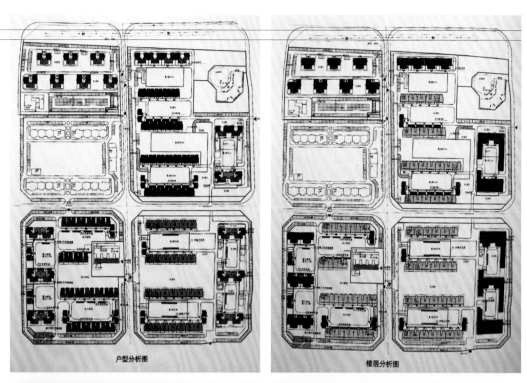

户型分析图　　　　　　　　　　楼层分析图

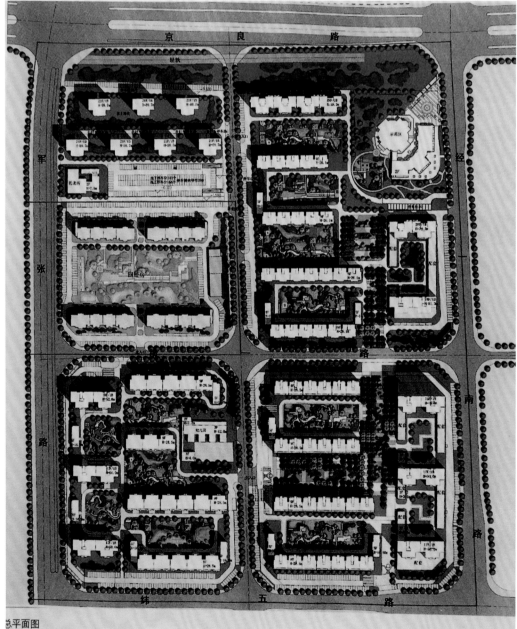

总平面图

原阳规划小区

项目地点：河南省原阳县
建筑设计：河南省城乡建筑设计院

　　项目用地规整，城市交通道路将地块分为四部分。东侧面积较大，主要布置小高层和高层洋房。水景在社区内蜿蜒，形成优美的景观。楼距较宽，适宜种植高大的乔木作绿化。西北侧用地主要布置社区的配套设施以及社区广场。地块的每部分均有独立的出入口，且与城市交通道路连接，方便出入。

长春中海·水岸馨都

项目地址：吉林省长春市东南部南环路
开发商：长春中海地产有限公司
建筑设计：深圳市欧普建筑设计有限公司
　　　　欧普建筑设计（亚洲）有限公司
主设计师：Norman Lo、许大鹏、Emilio Pesapane、彭诗敏、邹树
占地面积：241 880 m²
总建筑面积：275 942 m²
容积率：1.258

中海·水岸馨都位于长春市东南部。基地东部为规划城市支路、中海水岸春城，北靠规划城市支路、中海莱茵东郡，西依伊通河及河岸湿地景观带，南临新南环路及其50 m宽绿化带。项目用地地形平坦，现状标高低于城市道路标高约1~2 m。用地中部偏东有一个小湖，主要水体面积大于10 000 m²，水深约2 m。项目东部、北部均在开发建设之中。

由三条南北向的景观主轴和包括南部城市绿化带在内的五条东西向景观带组成的网格状景观系统，将各个居住邻里单位连接成一个整体；所有南北向景观轴线与车行干道、支路错开0.5个组团尺度，所有东西向景观通廊与宅间路、尽端式停车区错开1个邻里单位尺度，完全没有车流干扰，并拥有连续且变化丰富的视线。

建筑在基本网格逻辑的控制下适度地错动，并结合建筑造型、色彩的变化和景观的变化，营造出一个理性而丰富多变的、舒适而便于识别的居住空间形态。

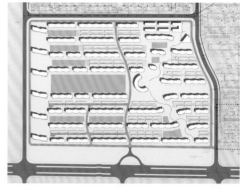

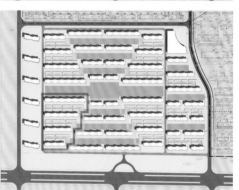

总平面图

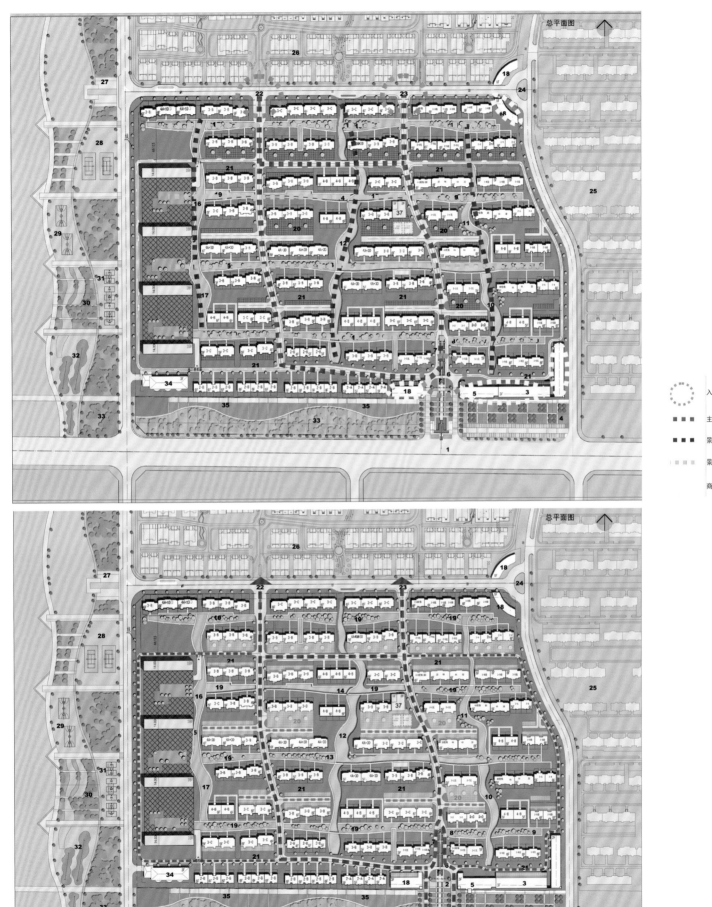

总平面图

入口
主干道
景观主轴
景观次轴
商业区

总平面图

小区主要流线
小区次要流线
小区地下室入口
半底下车库

133

深圳金地·梅陇镇

项目地点：广东省深圳市福田区
开发商：金地集团（深圳）有限公司
规划/建筑设计：维思平建筑设计
主设计师：陈凌、Knud Rossen、吴钢、张瑛
占地面积：140 000 m²
总建筑面积：425 200 m²

项目位于深圳福田中心区正北方10 km，宝安区龙华镇梅龙大道与布龙公路交会处。用地北靠主干道布龙公路及龙华镇闹市区，西接快速干道梅陇大道。地块高出四周路面6~8 m，用地内也有1~3 m的台地高差，原状为菜地、汽车修理厂、垃圾站等。

规划设计中道路系统沿周边布置并与地下车库直接联系，使人车完全分流，并形成连贯的步行系统。主入口设在西侧梅陇路，结合社区商业，形成昭示性很强的入口广场。

景观系统的布置尽可能结合地形，重点强调点、线、面的绿化层次，由小区林荫路、台式绿化广场、步行路、湖面、保留的坡地状林地组成绿化系统。

平台上高层的居住部分采用了小进深的板楼，为用户提供了均好性和私密性的居所，并有效地利用了自然通风与日照，也保证了楼与楼之间景观的连续性和最大化，实现户户临景。住宅底层完全架空，楼梯电梯均可直达商业街和车库。

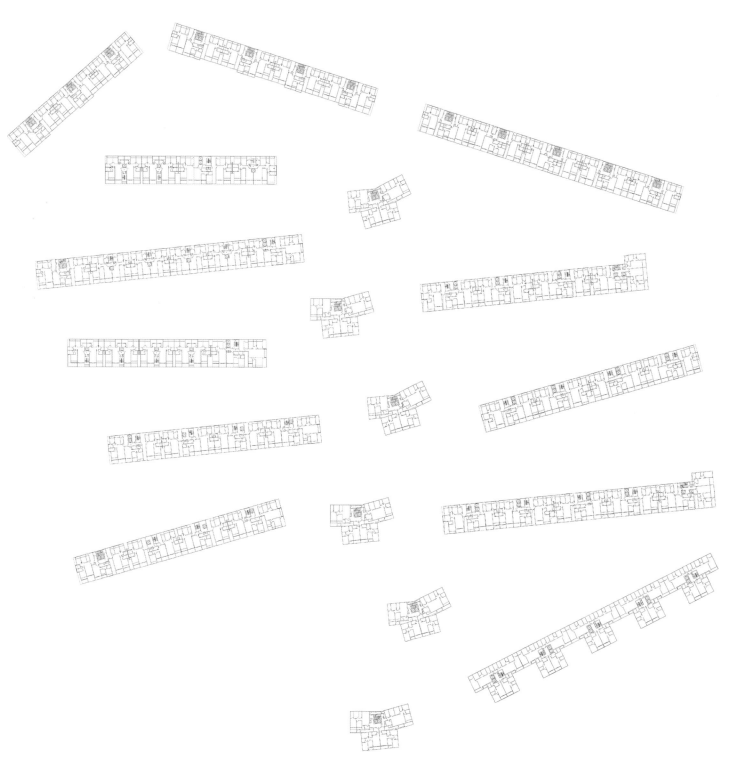

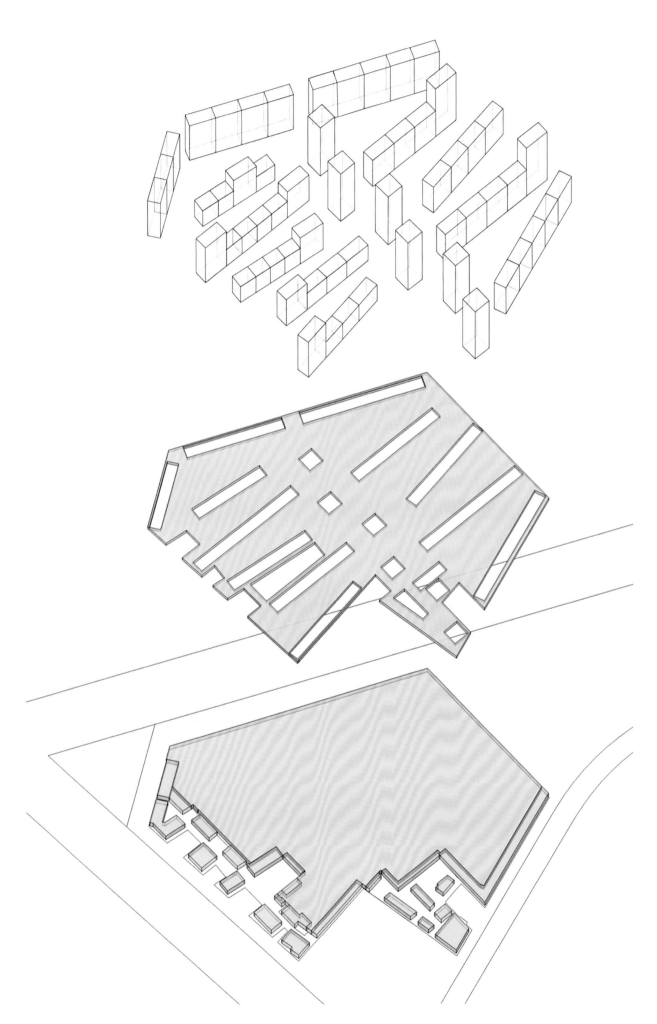

杭州香奈公寓

项目地点:浙江省杭州市
建筑设计:杭州联纵规划建筑设计有限公司
主设计师:范旭明、祁鸣
占地面积:37 098 m²
总建筑面积:102 640 m²

香奈公寓位于杭州市江干区九恒路、九华路交界处,周边公交路网密布,临近地铁一号线出口,交通方便,配套成熟。项目总建筑面积102 640 m²,九幢小高层的定位和设计引入国际流行理念,旨在打造一个浪漫的法式花园。

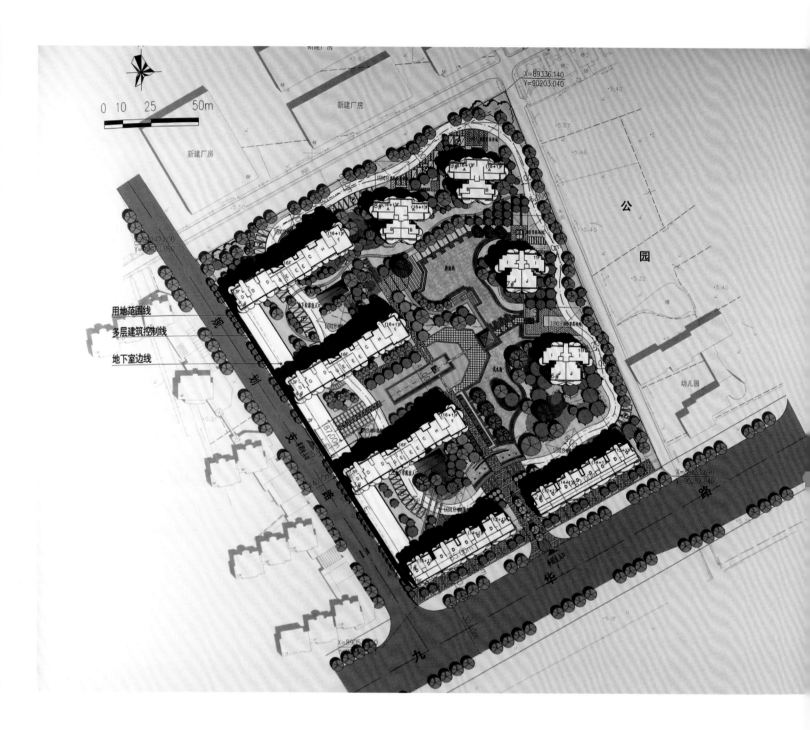

沙河汇通新天地

项目地点：河北省沙河市
开发商：沙河市中辰房地产开发有限公司
建筑设计：北京东方华脉工程设计有限公司
主设计师：刘武斌、茹琦璐、贾俊清、孟晓燕
占地面积：41 000 m²
总建筑面积：190 135 m²
容积率：2.6
绿化率：32%

　　汇通新天地项目位于沙河市温泉街南侧，新兴路东侧，紧邻面积为10万 m²的人民公园，项目规划占地面积41000 m²，总建筑面积190135 m²，其中住宅区130635 m²，配套商业区59500 m²。项目由八栋中高层住宅楼及配套商业区组成。

　　汇通新天地住宅区定位为高端住宅区，建筑形式上彰显沉着大气，具有高度的可识别性。立面采用现代简约构图原则，化整为零，形成凹凸，并通过阳台、电梯间、开窗等丰富立面造形。户型种类多样化，以适应不同人群的需求。

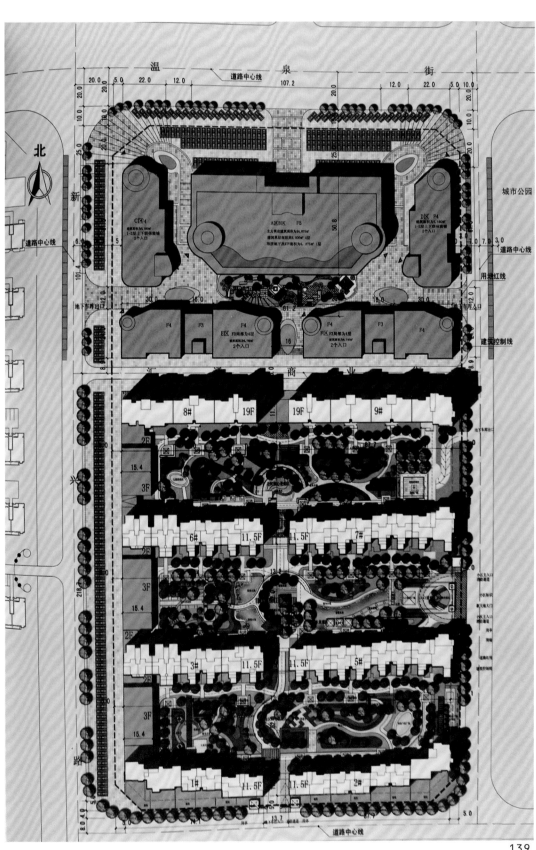

功能分析

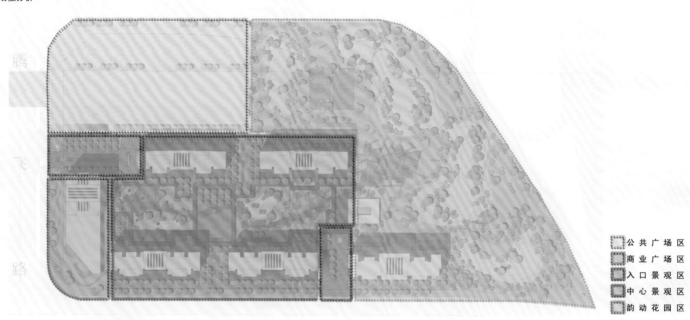

腾
飞
路

公 共 广 场 区
商 业 广 场 区
入 口 景 观 区
中 心 景 观 区
韵 动 花 园 区

景观节点分析

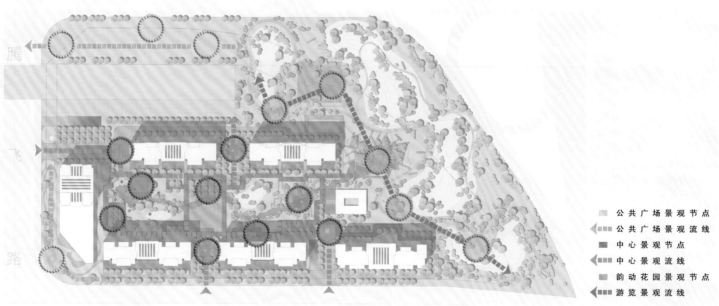

腾
飞
路

公 共 广 场 景 观 节 点
公 共 广 场 景 观 流 线
中 心 景 观 节 点
中 心 景 观 流 线
韵 动 花 园 景 观 节 点
游 览 景 观 流 线

景观空间结构分析

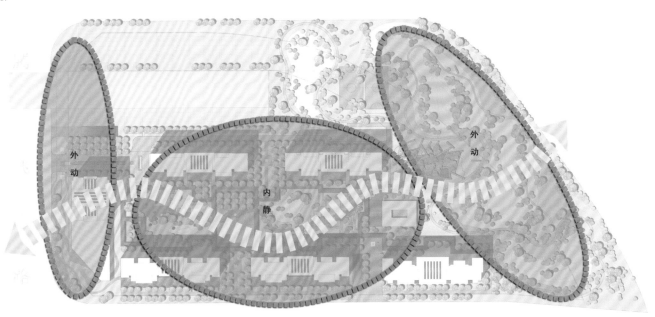

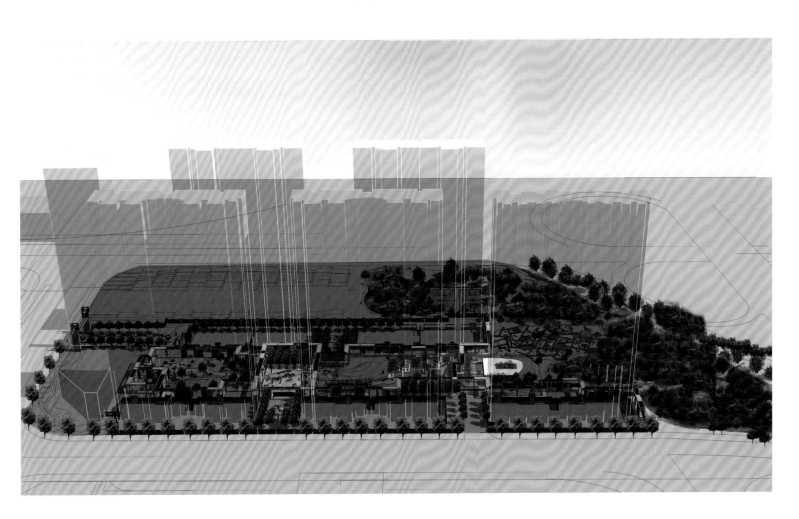

三门君临城邦

项目地点：浙江省三门市
建筑设计：英国UA国际建筑设计有限公司
占地面积：116 800 m²
总建筑面积：144 000 m²

　　君临城邦项目处于滨海新城咽喉要塞。项目分三期开发，共4 050户。其中一期A14地块占地面积116 844 m²，建筑面积12 745 m²，是由89幢纯低密度住宅组成的高档住宅小区。君临城邦将纯正英伦风情植入滨海地域文化。君临城邦引进教育机构、医疗设施、国际生活体验中心、风情商业街等，集住宅、商业、办公、休闲娱乐于一体，开辟三门未来全新的时尚生态生活中心，实现三门传统居住方式的超越和突破。

天津五一阳光锦园

项目地点：天津市
开发商：天津市五一阳光投资发展有限公司
规划/建筑设计：天津华汇工程建筑设计有限公司
景观设计：法奥建筑与城市规划联合设计有限公司
总建筑面积：33 960.44 m²

　　该项目为住宅类型项目，坐落在天津市津南区小站镇葛万公路以北，规划总建筑面积33 960.44 m²。建筑规划上遵循"景观最大价值化"原则，70 m超宽栋距保证了各楼体充足的日照。峻秀挺拔的建筑体态，以褐石色的天然石材搭配，创造出现代抽象画的意境；立面的卓越风姿，在融合沉静色彩与艺术创作的协奏中，光彩四溢；全明设计风格的电梯大厅彻底打破传统不透光封闭式候梯厅，为建筑打造一条阳光通道，引导居家好心情。此外，社区内围合了面积近2万 m²的中央集中景观绿地。景观的营造借鉴江南流水意境，以领先城市居住风貌。

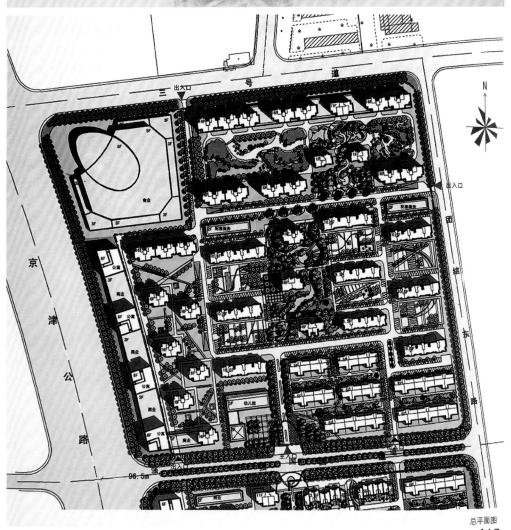

武汉翠微南块

项目地点：湖北省武汉市汉阳区
开发商：复地集团
建筑设计：BAU建筑与城市设计事务所
占地面积：74 52 m²
总建筑面积：112 501.62 m²

　　武汉翠微南块项目位于汉阳区翠微横路18号，临近汉阳中心商区钟家村，毗邻百年古刹归元寺，是一个时尚与文化兼具的超大型城市巨作。

　　翠微南块总建筑面积112 501.62 m²，总建筑栋数31栋，作为对历史痕迹的保留，小区景观设计以原有的铁路线纵向分割成为"自然"、"运动"、"交流"三块不同主题的景观区域，形成小区景观概念的机理；同时也是串联三个居住区域的元素。小区更将利用地面铺砌艺术图案、灯光雕塑等抽象元素及一系列景观物，结合高品位多风格的住宅形式，形成了一个有内涵、感性、变化的高尚居住社区形象。

　　整个居住区力求空间形态丰富。设计中，为了配合归元寺，建筑在立面上做了中式的简单调整，使整个建筑看起来既有现代建筑的简约，又有古典中式建筑的繁华。建筑组团各具特色。通过空间组合的流动与渗透，结合视觉与景观艺术设计，营造出一种具有中国传统造园的韵味。

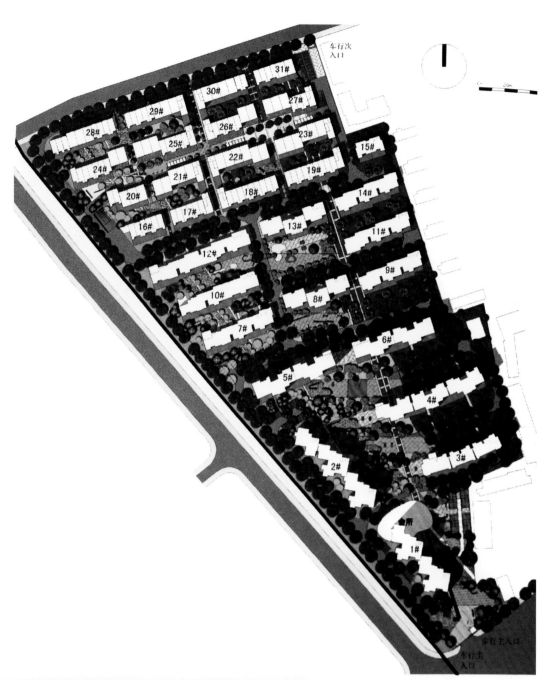

苏州荣域

项目地点：江苏省苏州市
开发商：中新置地
建筑设计：维思平建筑设计
占地面积：104 708 m²
总建筑面积：178 733 m²

苏州荣域位于苏州工业园区独墅湖畔，占地面积104 708 m²。规划建设成为集居住、公寓和商业于一体，具有人文性与景观性的中高档精品社区。项目包括19栋联排别墅，9栋多层住宅，10栋11~17层小高层住宅，配套商业建筑及地下车库。

建筑群体依景而建，规划结构简洁、现代，对外形成了社区整体的震撼形象，对内形成了安静明亮的内部庭院花园，以增强社区的凝聚力，并强化组团感。商业临街布置，与公寓分开一定距离，既保证了最大的经济效益，又最大限度地减少了对公寓的影响。

苏州荣域环境设计引入中国园林概念，同时融入现代都市生活居游庭院的理念和特点，与城市绿化带相连成带，形成以注重自然、归属感、文化为主线的城市后花园景观环境，移步异景，户户见景。

武汉万科茂园

项目地点：武汉市武昌区
开发商：武汉国浩置业有限公司
景观设计：北京创翌高峰园林工程咨询有限责任公司
总建筑面积：200 000 m²
容积率：3.20
绿化率：35%

该项目旨在通过对原工业厂址改造与再利用为新建住区庭院的设计思考，尝试探讨对城市旧存片段的保留与利用，兼具中国典型园林空间的非具象表达。

项目用地位于湖北省武汉市武昌才茂街武建集团建筑构件二厂原址，该厂初建时间为1958年，主要生产混凝土预制构件产品。在保留建园用地的同时，现状以工业构筑物及水泥场地为主。工业构筑物空间形体各异：平顶筒体、斜向片墙、双坡顶站房、低矮片墙等，在东西走向的带状用地中近于平行地错落展开，高度为1.8~2.5 m。

对于厂址中的现状构筑物，设计者所关注的保留价值在于其"普通性"。一处常见的城市工厂旧址与常规意义的历史保留建筑、片区有明显的传统价值差异；而另一种尝试正可由此展开，即在没有"价值"观念约束的前提下，回归纯粹空间本体，梳理其自身构成逻辑中的脉络，探求其转变、发展和再生的可能性。

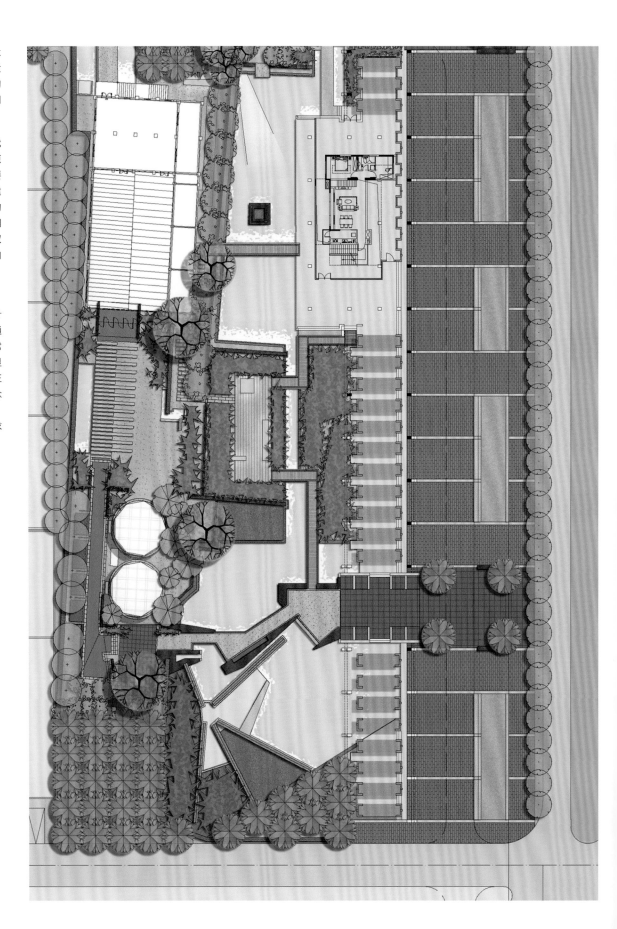

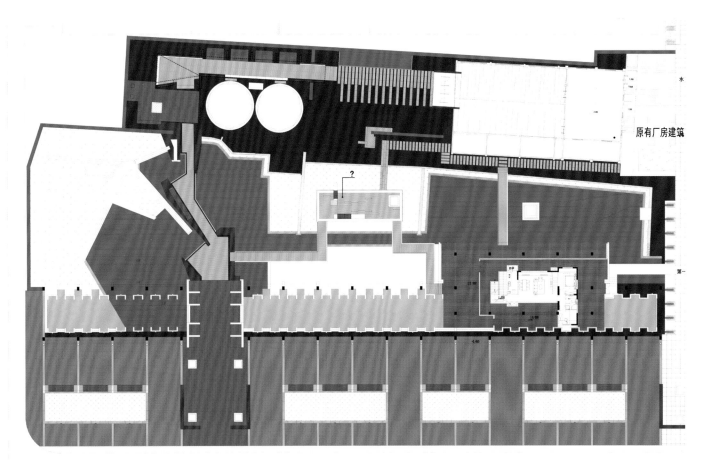

原有厂房建筑

深灰有孔砖　深灰无孔砖　浅灰有孔砖　浅灰无孔砖　锈钢板　木板　　玻璃　　红砖　　沙

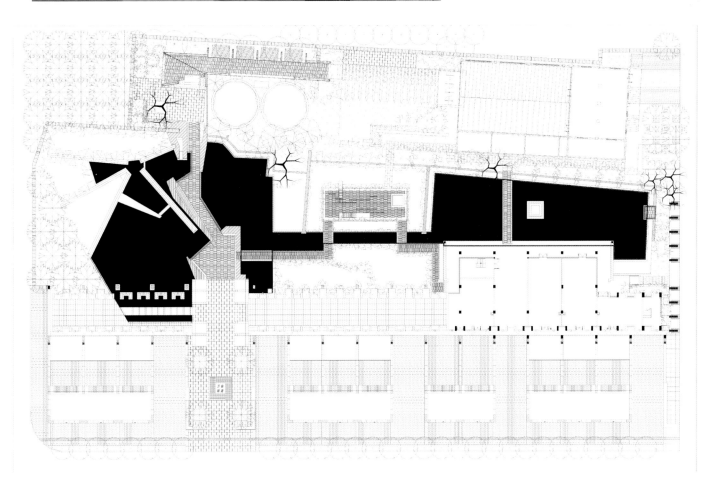

深圳天健现代城

项目地点：广东省深圳市龙岗中心城
开发商：天健房地产开发有限公司
占地面积：63 477.5 m²
总建筑面积：175 077.68 m²

　　天健现代城位于龙岗中心城西区，清林路和黄阁路交会处，距离水官高速出口仅1 km，紧邻规划中的3号地铁站出口。占地面积63 477.5 m²，总建筑面积175 077.68 m²，共规划八栋16~18层高层，户型以130~140 m²为主。

　　建筑采用板式结构，线性排布，南北通透，具有很好的通风性和采光性，并充分、合理地利用了景观资源。户型设计上采用大面积空中花园阳台、大面积凸窗和错层露台。

南京金基 (G30)

项目地点:江苏省南京市
开发商:南京金基房地产开发有限公司
规划/建筑设计:华森建筑与工程设计顾问有限公司
占地面积:76 900 m²
总建筑面积:78 500 m²

　　项目位于奥体核心区,紧邻奥体中心、绿博园,地处奥体CBD商圈。周边有国际会议中心、绿博园、金陵图书馆、医疗服务中心等大型公共设施。项目规划为高层住宅和低密度城市别墅。在社区中心景观位置的高层住宅,主力户型为建筑面积111~165m²的三室产品;纯板式4.9 m挑高住宅产品主力户型建筑面积为50~63 m²,联排别墅建筑面积为230~270 m²。

上海唐镇新市镇

项目地点：上海市浦东区
开发商：保利置业集团有限公司
规划设计：UDG联创国际
占地面积：104 635 m²
总建筑面积：231 529 m²

　　项目用地范围内有一自然河流将用地分为三大块，形成了较长的滨水岸线，景观资源丰富。本设计立足于上海市的远景规划，贯彻以人为本的思想，以建设生态型居住环境为规划目标，创造一个布局合理、功能齐备、交通便捷、绿意盎然、生活方便，具有文化内涵的住区。

　　在设计中，无论是景观绿地还是住宅，都注重整体的构图和空间效果，其中的每一栋建筑都不是独立存在的，是整体结构乃至城市中不可或缺的因素。不同的建筑、建筑群组在整体的环境中遥相呼应，形成相互对话、交流的空间效果。整体、默契、密切、关联的人性化建筑空间将为形成充满人情味的家园社区增添一笔重彩。

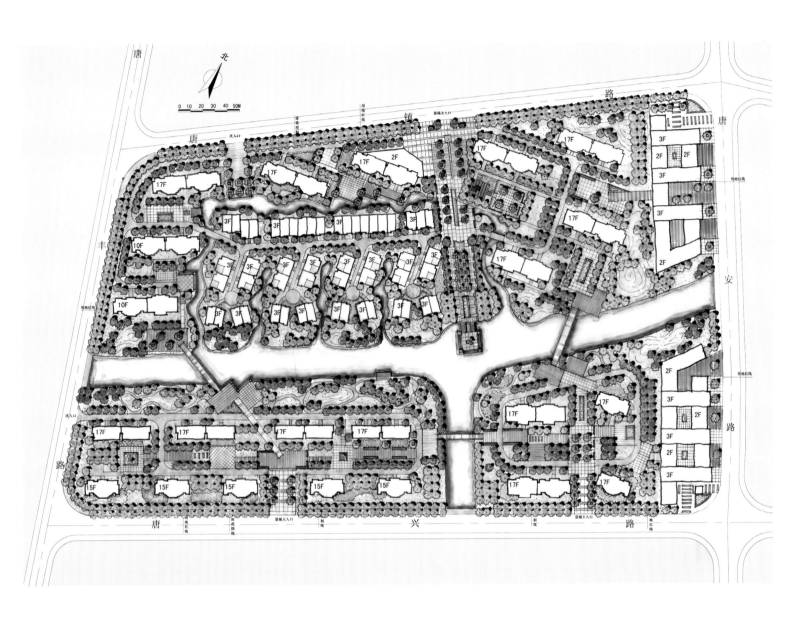

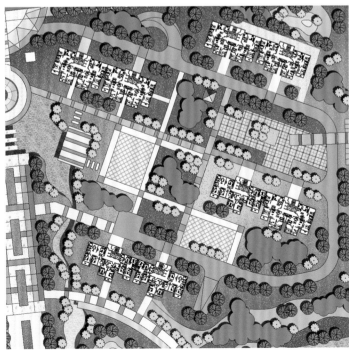

廊坊荷塘景苑（一期）

项目地点：河北省廊坊市
景观设计：北京唐健人景观设计事务所
主设计师：唐健人
总建筑面积：250 000 m²

本设计主体风格为新中式。设计起源于一种对居住空间的扩大思考，即认为一个社区或者一个城市是作为个人之"家"的外延。在构筑空间上，为了体现中国园林中的意境，主要采用低矮景墙划分空间，通过园林中的借景、对景、大与小的对比来强化空间品质；在空间表达上，追求动境、意境、化境三者的相互交替与相互统一。既为园林意理的追求，又为园林意象的实现。主要材料为清水混凝土，不同的叠涩墙围合形成强烈的几何雕塑感，增加了空间的趣味性。

项目以线条结构为设计元素，主要园路以青石板铺装为主，通过一条人行步道的设计来放大人们在步道上的步行体验，步道与水池的线条交叉，覆盖了带形且不规则的用地。通过塑造人工地形，使人在小区中的行走这一最为常见的活动更加有趣和值得回忆。在设计中，利用步道和植物将空间做出了开放、半开放、私密、半私密的界定。在空间上，运用了通透的长条水池与叠涩的白色混凝土墙来围合场地，使场地与建筑自然连接。

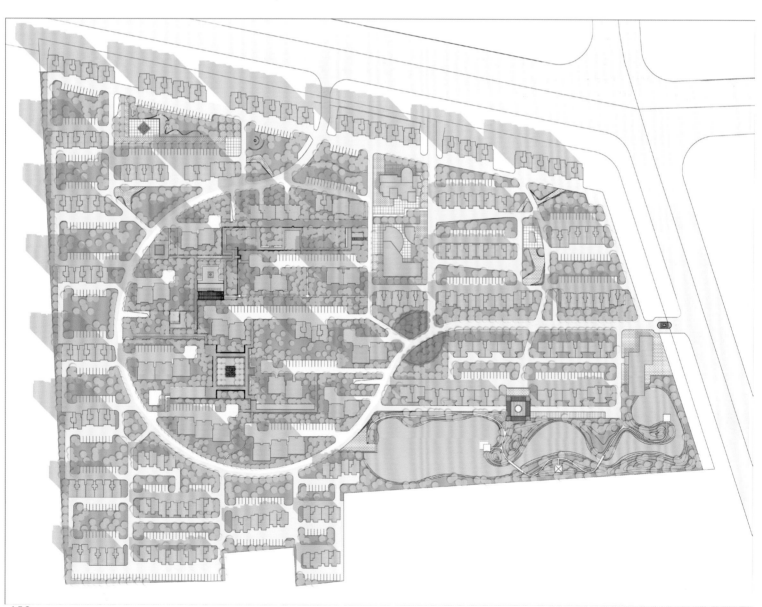

南京上林苑

项目地点：江苏省南京市栖霞区
开发商：南京紫金房地产开发有限公司
规划/建筑设计：何显毅（中国）建筑工程师楼有限公司
景观设计：贝尔高林国际（香港）有限公司
占地面积：54 231 m²
总建筑面积：87 936.3 m²
容积率：1.1
绿化率：37.65%

地块位于南京市栖霞区，西眺紫金山，自然环境优越，东、西、南三面临城市道路，交通便捷。场地内南低北高，略有高差，东西与南北方向长度均为300 m，呈正方形。

项目的空间设计从整体出发，立意在先，以人为本，强调人与自然的亲近，塑造现代的人文社区，并注重住宅区内环境的私有性。设计在空间规划布局上以下面三点作为设计的原则。

第一，在建筑布局上，考虑当地的气候条件，建筑尽量南北向布局。在满足国家规定的日照、通风要求的前提下，尽可能使户户具有良好的景观视野。结合场地高差设置台地，小区环境绿化与环境配置突出居住条件的均好性和共享性，为居民提供户外休闲、观赏和改善生态环境的绿化空间。

第二，在用地布局上，运用东西、南北向通透的建筑布局，既设计数条视野走廊，又为小区提供良好的通风景观环境，同时小区中心绿地从主入口以人字形贯穿地块，同小区小绿洲一同形成疏密有致、回味无穷的景观绿地系统。

第三，在交通布局上采用地下停车方式，尽量做到住户就近停车，户户有车位，车车到户。并在地库中集中设置自行车停放区，并于此区域设计人防。其他的设备用房亦考虑在地库中解决。

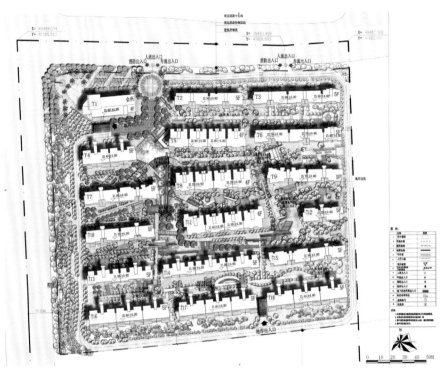

南京江佑铂庭

项目地点：江苏省南京市浦口区
开发商：南京昌和房地产开发有限公司
建筑设计：美国上奥建筑规划设计公司
规划设计：北京清华城市规划设计研究院
占地面积：96 213.1 m²
总建筑面积：271 668.8 m²
容积率：2.2
绿化率：38%

项目位于浦口新区，作为河西新区与浦口老城区的过渡，建筑风格选用新古典主义风格，建筑造型设计采用现代手法和材质还原古典气质，整体线条简洁流畅、挺拔向上，色彩以浅咖色为主调，体现该项目的大气及所蕴涵的人文精神。

项目北侧为浦口城市副中心，西北角紧邻规划的迎宾大道商业节点，东北靠近未来地铁商圈。规划在项目地块的西北角设置一个便民商业中心，力图与城市商业街和地铁站点附近的大型商业设施有机结合，并融入区域商业体系。

同时，便民商业中心的设计结合考虑城市公共空间，在西北角入口处形成下沉式广场。通过空间及丰富的景观小品，形成颇具魅力的城市公共活动空间，为该区域积聚人气，增添活力。

嘉兴格林小镇

项目地点：浙江省嘉兴市中环南路双溪路口
开发商：嘉兴市格林置业有限公司
建筑设计：UDG联创国际
用地面积：133 036 m²
建筑面积：184 920 m²
容积率：1.39
绿化率：40%

嘉兴格林小镇居住区的设计把建筑空间与景观设计融为一体，尤其是在公共户外空间、商业购物空间的设计中，本着以"人"为"本"，以"活动"为中心的态度追求居住、商业、绿化空间之间的互动，使各型住宅社区、文化娱乐区、自然生态区、各类户外休闲娱乐空间结合在一起，利用景观设计增加项目的商业价值。真正考虑和解决城市开放空间的趣味性和经济性。

设计中充分考虑规划结构、景观及建筑风格的个性塑造，居住模式与环境的可持续性发展，用地开发、建设、建筑使用上的经济性。分析基地三面临城市道路、用地地形大致呈长方形的特点，综合考虑环境、住宅的朝向及开发的经济性。小镇内道路骨架呈网格状。住宅呈线性组团布局，北侧沿河及西侧沿八号路布置小高层，中部西侧和南侧沿一号路、东侧沿双溪路布置5~6层多层住宅，并以6层为主。中部沿景观水系两侧布置3层的联排别墅。小镇空间形态西北高而东南低，立面层次错落，以丰富街景，并有利于在炎热的夏季引入温暖湿润的东南风，在寒冷的冬季挡住寒冷的西北风。

小镇三面与城市道路相接，考虑了小区与城市道路的关系和小区整体形象及品质，于西侧八号路中部设置步行街主入口，靠八号路北端及南侧一号路设车行出入口，沿东侧双溪路中部设以人行为主的次要出入口。

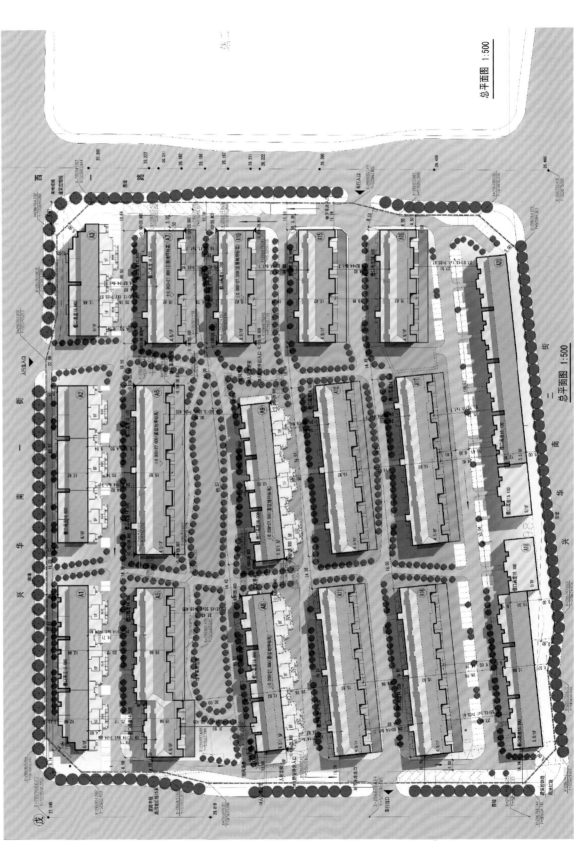

总平面图 1:500

厦门联发集团五缘湾1号

项目地点：福建省厦门市五缘湾五缘学村旁
开发商：联发集团
占地面积：112 327.859 m²
总建筑面积：300 000 m²
容积率：2.028
绿化率：50%

联发集团五缘湾1号位于厦门市环岛路第一排、最佳人居地——五缘湾片区。总建筑面积超30万 m²，共15栋16层纯板式小高层，主力户型建筑面积为160～220 m²的板式四室，是目前厦门最具规模和影响力的高端住宅小区。

项目采用两梯两户设计。经典户型拥有厦门绝版的6 m挑高空中庭院，创新可拓展大凸窗，更有面积为38～76 m²的花园阳台，远可望海，近可览湾。

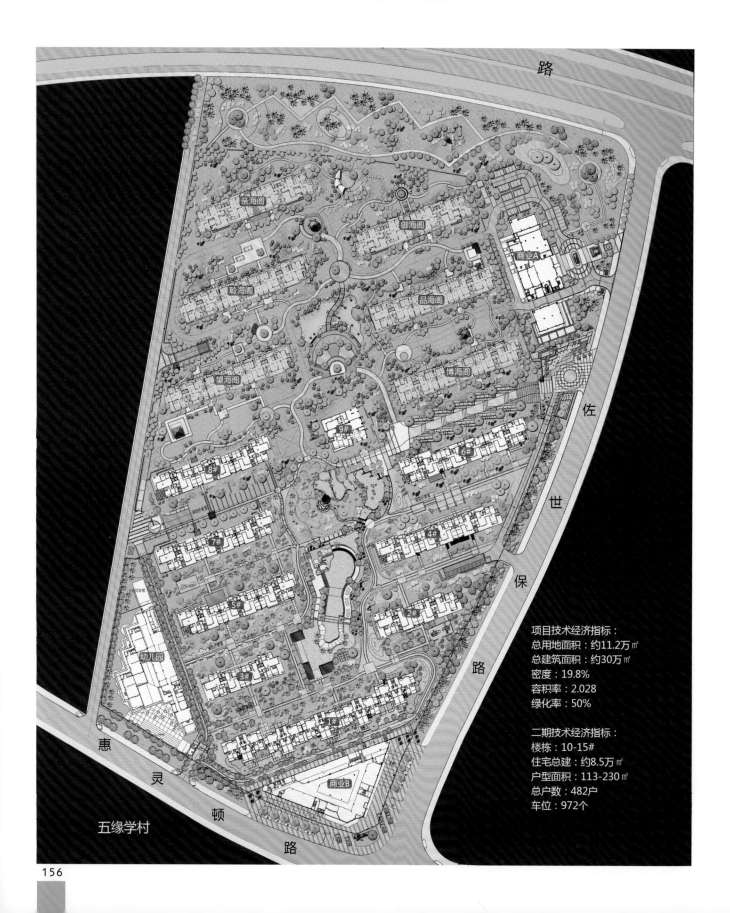

项目技术经济指标：
总用地面积：约11.2万㎡
总建筑面积：约30万㎡
密度：19.8%
容积率：2.028
绿化率：50%

二期技术经济指标：
楼栋：10-15#
住宅总建：约8.5万㎡
户型面积：113-230㎡
总户数：482户
车位：972个

桂林理想岭域

项目地点：广西壮族自治区桂林市秀峰区桂湖西信义路
开发商：理想置业有限公司
建筑设计：桂林市建筑设计研究院
景观设计：桂林科美东篱建筑景观设计有限公司
占地面积：17 950 m²
总建筑面积：31 900 m²
容积率：1.78
绿化率：35%

理想岭域位于桂湖西600 m处，四面环山：北面紧靠犁头山，东面临桂湖的骝马山，西南面是连绵起伏的飞凤山。项目位于信义路84号，东临水利电力局，西临西环路，南临信义路尾，是城市中央山景多层住宅区。

该项目的景观设计主题以"村"为景观规划理念，针对现代都市人回归大自然的愿望，打造舒适环境，创造理想生活。理想岭域运用"一村五院"的设计理念，采用传统中式风格和元素进行设计，以现代人的视角和理念，对中国特有的传统文化进行提纯和改良，传承中国文化与智慧，使理想生活在五个院落中体现。

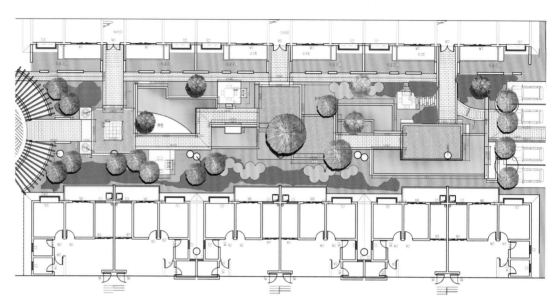

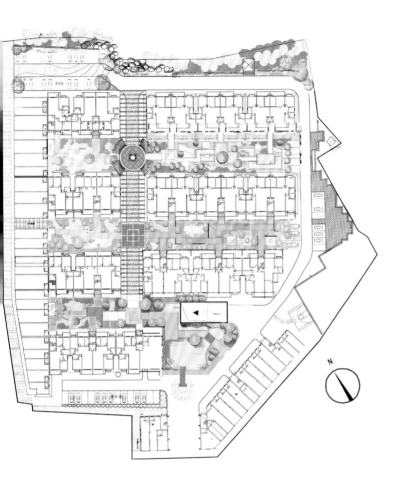
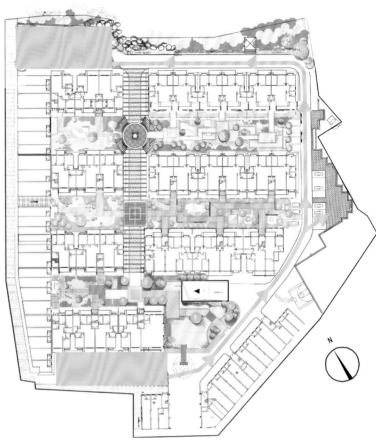
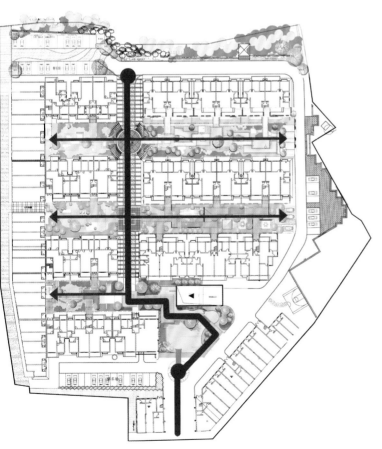
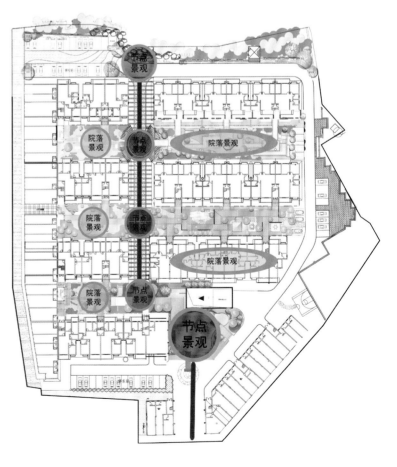

昆山绿地21城·启航社

项目地点：江苏省昆山市
开发商：上海绿地集团（昆山）置业有限公司
占地面积：133 400 m²
总建筑面积：213 000 m²
容积率：1.60
绿化率：30%

　　绿地21城·启航社位于绿地21城S地块，一期开发五栋，其中高层二栋（16F），小高层二栋（11F），多层一栋（5F）。1、2号楼开发为北向户型，楼梯间挑高5.6 m，其中一半可以分割成上下两层；4、5号楼为平层；3号楼为LOFT户型，层高挑高4.5 m，可以分割为上下两层。

　　小区设有会所，会所设在小区主入口。建筑面积5 111 m²，功能包括健身房、跑步（机）区、瑜伽房、动感车房、器械室、冲淋室/室内游泳馆、乒乓球室、台球室、羽毛球馆、网球场（室外）、销售馆、咖啡吧和室外茶室，另外在室外还将设置一个篮球场。

济宁科苑公寓及会馆

项目地点：山东省济宁市
开发商：济宁规划局开发区分局
规划/建筑/景观：logon罗昂建筑设计咨询
有限公司
主设计师：柯复南
占地面积：21 900 m²
总建筑面积：35 491 m²
容积率：1.19
绿地率：32%

科苑公寓及会馆为外国人居住的高档居住区，其配套的会所属于高级别会所。设计旨在创造出精致高品位的生活环境，重视每个细节和人性化环境氛围的塑造，其建筑布局、造型、高度、层数、色彩等均符合生态环境、绿色人文环境和精致生活的要求，并与周边环境相协调。景观设计利用大量的植物、高新铺装材料，精心营造简洁、生态的居住空间，改善小区气候，缓解居住区内的热岛现象，让人们在进入社区入口的一霎那，其身体的每一个细胞都能感受到绿色清新的张力。

总平面图 1:1000
Master Plan 1:1000

主要经济技术指标		计量单位	数值
项目		计量单位	数值
规划用地面积　site area		平方米	21,942
总建筑面积（含地下室）total construction		平方米	35,461
其中	小高层　11+1F	平方米	15,610
	别墅　2+1F	平方米	1,760
	会所　1F/3F	平方米	9,710
	地下部分	平方米	1,200
地下车库面积underground carparking area		平方米	7,211
容积率　FAR			1.19
总户数　app		户	168
其中	70平方米户型	户	83
	90平方米户型	户	55
	120平方米户型	户	22
	别墅　约220平方米	户	8
住宅配套停车位　residential carparking		辆	180
其中	地面停车位	辆	26
	地下停车位	辆	154
公建配套停车位　public carparking		辆	24
建筑密度　building density			33.7%
绿地率　green ratio			32.1%

南京金基翠城

项目地点：江苏省南京市下关区
开发商：南京金基房地产开发有限公司
景观设计：美国21世纪景观设计公司
建筑设计：南京市民用设计院
占地面积：75 000 m²
总建筑面积：120 000 m²
容积率：1.60
绿化率：50%

金基翠城位于南京市下关区黄家圩路8号（原江南光学仪器厂），是以绿色、生态、健康和智能为特色的城市现代住宅小区。

小区原有植栽十分丰富，有银杏、樱花、香樟、桂花等数十种成年名贵树木，设计以此为基础，按现代造园理念，打造以立体绿化为特色的园林景观。配套有会所、社区商业中心，设机动车和非机动车停车位，其中汽车位配比率达70%，小区全面采用智能化安防系统。

该小区的地形高低起伏，强调自然天成，配置高大的乔木、茂密的灌木，创造出原生态的氛围，使环境充满现代感并给人以置身于大自然的感觉。

设计着重强调贯穿整个小区中央的生态长廊，旨在将座座钢筋水泥的建筑融入绿色生态的环境之中，弱化了板式建筑物的视觉冲击，让人们在绿色怀抱中忘记城市的喧嚣，享受回归自然的情愫。

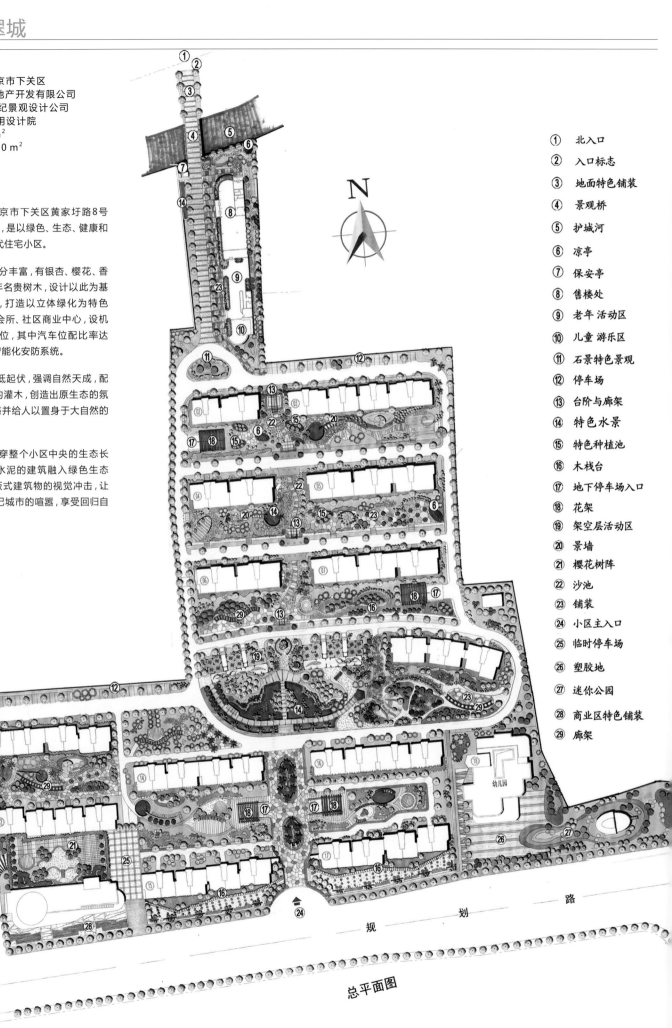

① 北入口
② 入口标志
③ 地面特色铺装
④ 景观桥
⑤ 护城河
⑥ 凉亭
⑦ 保安亭
⑧ 售楼处
⑨ 老年活动区
⑩ 儿童游乐区
⑪ 石景特色景观
⑫ 停车场
⑬ 台阶与廊架
⑭ 特色水景
⑮ 特色种植池
⑯ 木栈台
⑰ 地下停车场入口
⑱ 花架
⑲ 架空层活动区
⑳ 景墙
㉑ 樱花树阵
㉒ 沙池
㉓ 铺装
㉔ 小区主入口
㉕ 临时停车场
㉖ 塑胶地
㉗ 迷你公园
㉘ 商业区特色铺装
㉙ 廊架

总平面图

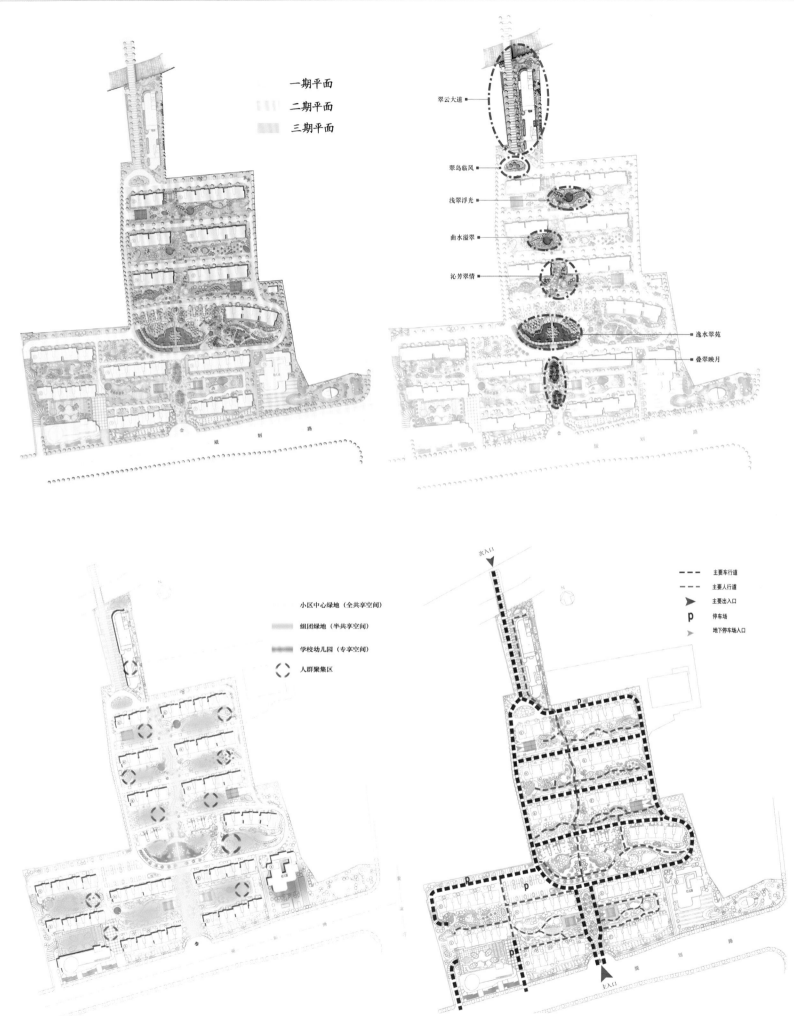

一期平面

二期平面

三期平面

翠云大道

翠岛临风

浅翠浮光

曲水溢翠

沁芳翠情

逸水翠苑

叠翠映月

小区中心绿地（全共享空间）

组团绿地（半共享空间）

学校幼儿园（专享空间）

人群聚集区

次入口

主要车行道

主要人行道

主要出入口

p　停车场

地下停车场入口

主入口

广州汇景新城（C4、C5街区）

项目地点：广东省广州市天河区
开发商：广州侨鑫房地产开发有限公司

汇景新城位于广州市天河区东部，距天河体育中心约4 km。西边紧靠宽60 m的华南快速干线，南边有宽60 m的广园东路，北靠广深高速公路，地铁三号线从小区西边通过。其西南面毗邻多个高等学府和科研机构，东北面为广州科学城、广东奥林匹克体育中心、世界大观等高新科技园及体育旅游胜地。

项目在规划设计上，充分结合地形地势和景观资源，建立起最时尚的"生态型住宅"，重点突出人居环境与自然环境、社会环境、科技发展之间的整体有序、协调共生的理念。

两个街区的绿化率分别达到了40.8%和63.6%，两排住宅之间腾出尽可能大的绿化空间，通过横跨汇景东路的人行天桥与整个汇景新城的中央绿化带连接。架空住宅首层，使山体景观自然延伸进区内，形成高低错落、有地形特色的山地景观。

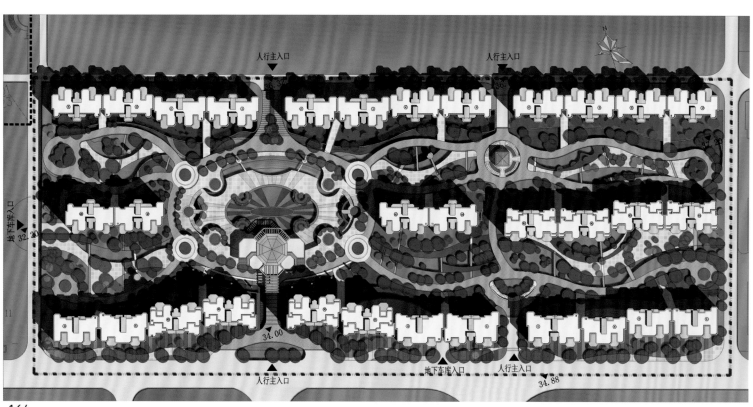

南京华宏（C地块）

项目地点：江苏省南京市下关区
开发商：南京市下关城市建设开发（集团）有限公司
占地面积：208 000 m²
总建筑面积：360 000 m²

　　项目位于南京市下关区幕府东路北侧，
紧临五塘广场，背靠幕府山及长江，占地面积
208 000 m²，总建筑面积360 000 m²。

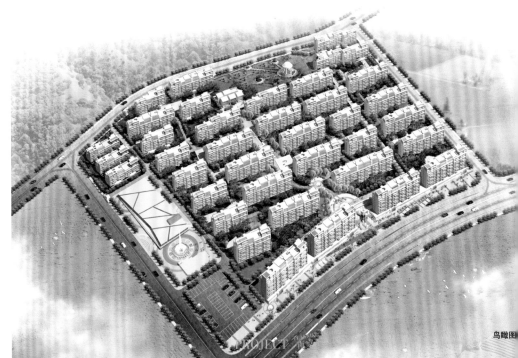

鸟瞰图

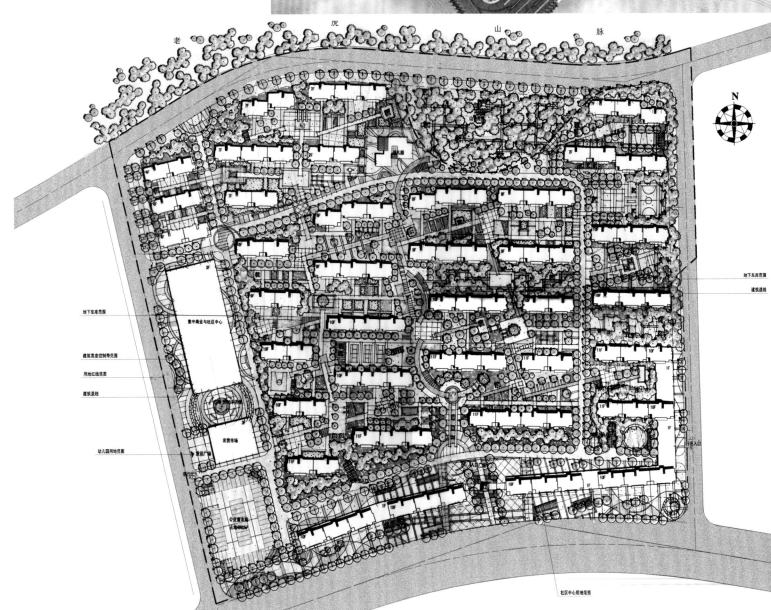

佛山凰樵圣堡

项目地点：广东省佛山市西樵镇
开发商：佛山市钜隆房产有限公司
规划/建筑设计：广东南海建筑设计有限公司
景观设计：广州市科美设计顾问有限公司
占地面积：493 867.2 m²
总建筑面积：340 259.3 m²
容积率：2.2
绿化率：45%

凰樵圣堡景观设计以佛山市奥园景观作为设计蓝本，结合地方实际和楼盘特征，全力打造水景生态园林景观。景观设计以建筑总体规划为依据，以水景作为主要造景元素，巧妙地把高端产品置于一个独立的岛上，更彰显其高贵品质。水景贯穿整个小区，形态多样，以湖、溪、瀑布、叠水、溪流等多种动态出现。设计中充分利用地形，即利用车库与场地之间的高差，塑造立体园林。组团内的绿地以绿化为主、点状水景为辅，少园建，多绿化，生态优先。亲水住宅都配有私家码头，一楼住户有私家花园，入口广场大气磅礴，车行入口精美华贵，方方面面体现出精品楼盘应有的品质。景点设置上，以视觉轴线作为构图基础，讲究借景、对景，使整个空间视线辽阔，步移景异。

小区中沿主车道分布有带状的楼间绿地，并作为组团与组团之间的隔离带。由于小区中的高层住宅与别墅之间的距离较短，如何有效地减少高层住宅中的低层区与别墅住宅之间的相互干扰是首要问题，为此，设计沿路布置了曲折贯通的水景，绿化渗透入架空层，用水的光影灵动拉开视觉上的距离，用密集的绿化隔绝噪声。同时，沿小溪边布置亲水步道、亭台小榭，步移景异，让小区高层住户也能享受亲切的园林水景空间，而车行道上驾车的视线转换也能增加景观的深远感。

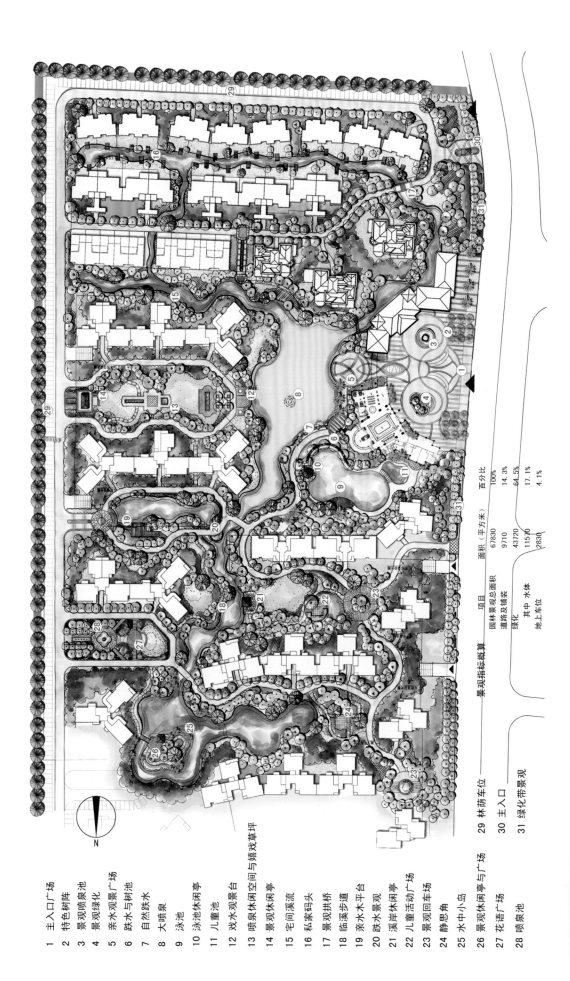

景观指标概算	项目	面积（平方米）	百分比
	园林景观总面积	67830	100%
	道路及铺装	9710	14.3%
	绿化	43720	64.5%
	其中 水体	11570	17.1%
	地上车位	2830	4.1%

1 主入口广场
2 特色树阵
3 景观喷泉池
4 景观绿化
5 亲水观景广场
6 跌水与树池
7 自然跌水
8 大喷泉
9 泳池
10 泳池休闲亭
11 儿童池
12 戏水观景台
13 喷泉林间空间与嬉戏草坪
14 景观休闲亭
15 宅间溪流
16 私家码头
17 景观拱桥
18 临溪步道
19 亲水平台
20 溪畔休闲亭
21 儿童活动广场
22 景观回车道
23 亲水景观
24 静思角
25 水中小岛
26 景观休闲亭与广场
27 花语广场
28 喷泉池
29 林荫车位
30 主入口
31 绿化带景观

合肥华润澜溪镇

项目地点：安徽省合肥市
规划/建筑设计：法国欧博建筑与城市设计公司
景观设计：雅博奥顿国际设计有限公司
占地面积：146 666 m²
总建筑面积：240 000 m²
容积率：1.4
绿化率：48%

　　项目位于合肥市蜀山区香樟大道与黄山路交会处。小区自然景观优越，紧邻面积为500万 m²的自然森林，山脚下又有15万 m²的人工湖，华润澜溪镇这种依山傍水的自然景观，可谓是独一无二的。

　　项目分两期开发，第一期推出九幢景观洋房；第二期为小高层及高层。主力户型为三室、四室两厅两卫，建筑面积主要在133~150 m²之间。

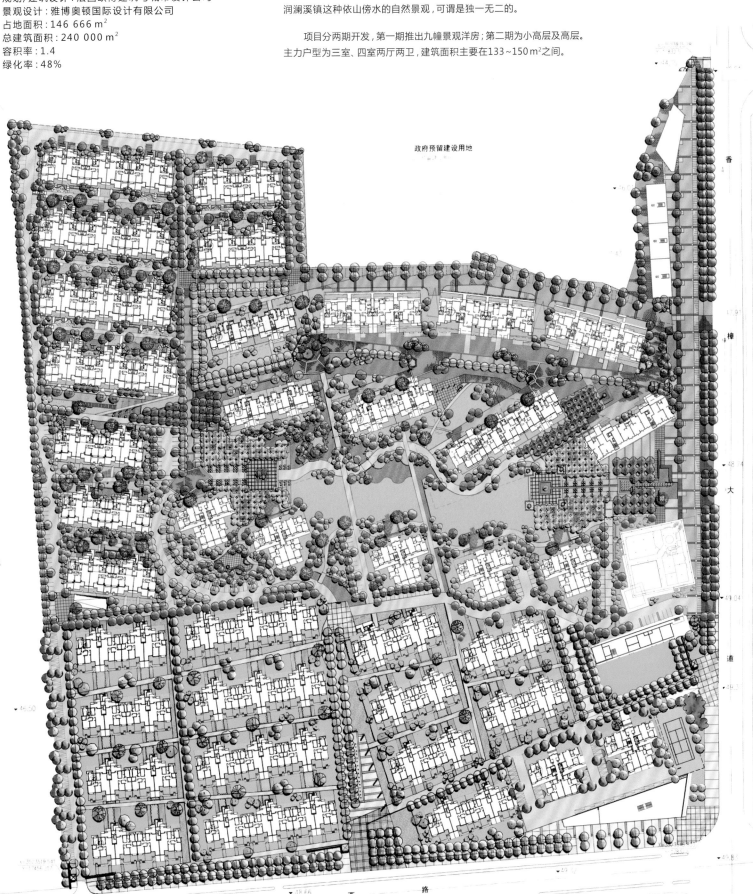

合肥信达格兰云天

项目地点：安徽省合肥市瑶海区
开发商：合肥润信房地产开发有限公司
建筑设计：UDG联创国际
占地面积：130 000 m²
总建筑面积：200 000 m²
容积率：1.48
绿化率：40%

信达格兰云天位于瑶海区生态板块，近邻汴河路、当涂北路，交通便利。依二十埠河而建，坐拥生态公园、新海公园、瑶海公园三大城市生态公园，面积近60万 m²生态绿地，使城市新中心回归自然。

简约、自然的格兰云天园林设计，完全体验北欧生活场景，依据五大北欧组团主题，景观的主题性与之呼应，面积为10万 m²北欧风情园林，由5 000 m²中心庭院及多个功能景观区组成，多个风格各异的北欧景观组团及双向景观轴，步移景异；林荫间，北欧漫道、亲子乐园、INI PARK等共有活动区域的巧妙设计，将园林与生活相融共生；精心设计的水系使中心广场更加灵动，充满浪漫气息，阳光午后，成为调剂生活的红茶馆。

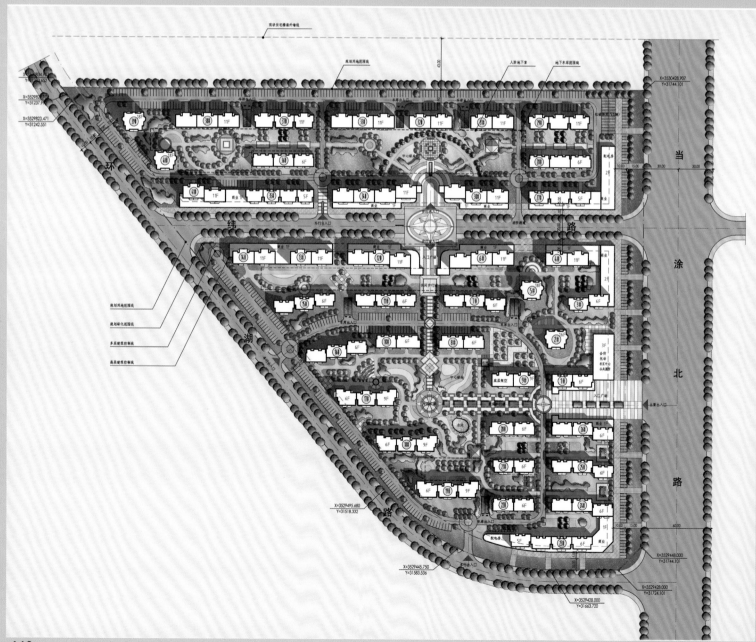

杭州西溪蝶园

项目地址：浙江省杭州市西湖区
开发商：杭州万科房地产有限公司
建筑设计：维思平建筑设计
总建筑面积：116 119 m²
容积率：2.3
绿化率：30%

　　项目以生态居住区为发展目标，以建立环境、景观、人三者之间的和谐关系来组织空间布局。建筑呈平行式排列，建筑体量呈现线性布置，错落有致。单元设计采用大开间的形式。建筑设计引入空中联排别墅的概念，每户都占2层高，为复式房型，室内有跃层的起居空间。建筑造型运用荷兰现代主义设计的风格，与环境相结合，给人以生态的感受。立面大量采用落地玻璃，充分引入小区的自然景观。

　　景观设计贯彻高标准的绿化配置和以"渗透"为特色的绿化布局原则，体现出从绿化空间向住宅组群内部逐渐渗透的基地特色。重点考虑自然化，利用大量树木营造一种森林的意境。主要采用纯自然曲线形态进行景观道路的组织，以达到柔化建筑体量的效果。

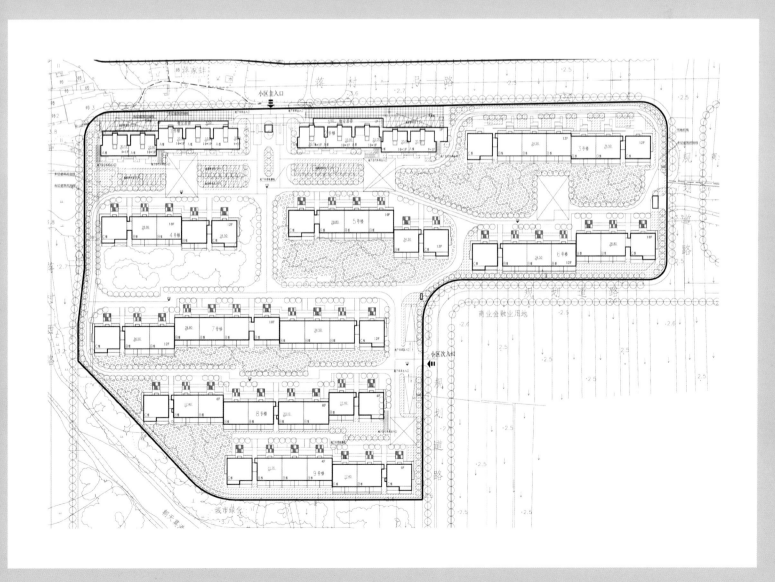

东莞松山湖月荷居

项目地点：广东省东莞市
建筑设计：东南大学建筑设计研究院深圳分院
占地面积：44 900 m²
总建筑面积：146 000 m²

　　根据规划原则及用地特性，将用地划分为两个区域：湖景完全享有区及湖景享有不利区。二者之间为中心花园，将大户型布置在湖景完全享有区，将小户型点式布置在湖景享有不利区，通过中心花园作为补偿，以保证户型景观视野的均好性。

　　考虑到沿湖及其他方向的天际线，沿湖条状布置成12层和16层住宅，工业北二路及三路布置成点与线结合的19层及16层住宅，既兼顾了城市天际线，又保证了良好的小区通风。所有的户型都做到南北通风采光，直接对流。并通过入户花园、景观阳台，加强南北对流。

　　景观设计上利用场地高差变化，设计了坡地绿化、儿童嬉戏水池，结合小品绿化，使之形成一个大的公共活动景观空间。并通过住宅间的空地与湖边公共绿地和湖面遥相呼应，使得住户在小区任何一个角落均能在享受到最大化的内院景观绿化空间，同时，也能享受湖景，真正做到步移景异。

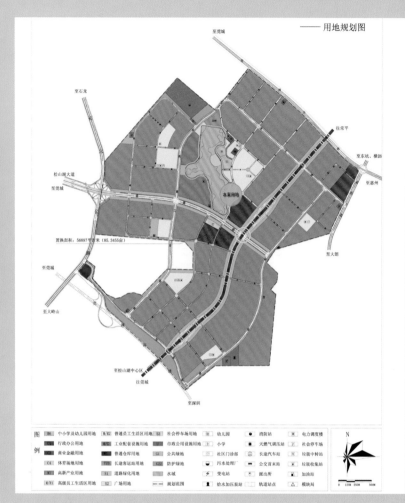

用地规划图

广州勤天E品尚馆

项目地点：广东省广州市天河区中山大道西
建筑设计：广州瀚华建筑设计有限公司
占地面积：6 671 m²
总建筑面积：33 086 m²

　　本项目为新城区的新概念公寓式住宅。首、二层设计为商铺和商业用房，为项目和周边小区提供完善的商业配套和合理的服务半径。三层为架空层，布置成绿化平台，充分改善由于用地紧张而带来的空间乏味感，以增加生活情趣。

　　平面设计采用合理的柱网尺寸，将核心筒、设备管井集中设置在建筑中部，住户空间内不见柱位，宽敞实用，且可根据不同的需求灵活划分。外立面全部由两层高和三层高的长形条框组成，并通过竖向的空调百叶联系在一起。大面积的落地窗和不同材质、色彩的材料组合成了简洁但富有韵律感的建筑外观，同时拥有良好的通风和采光效果。

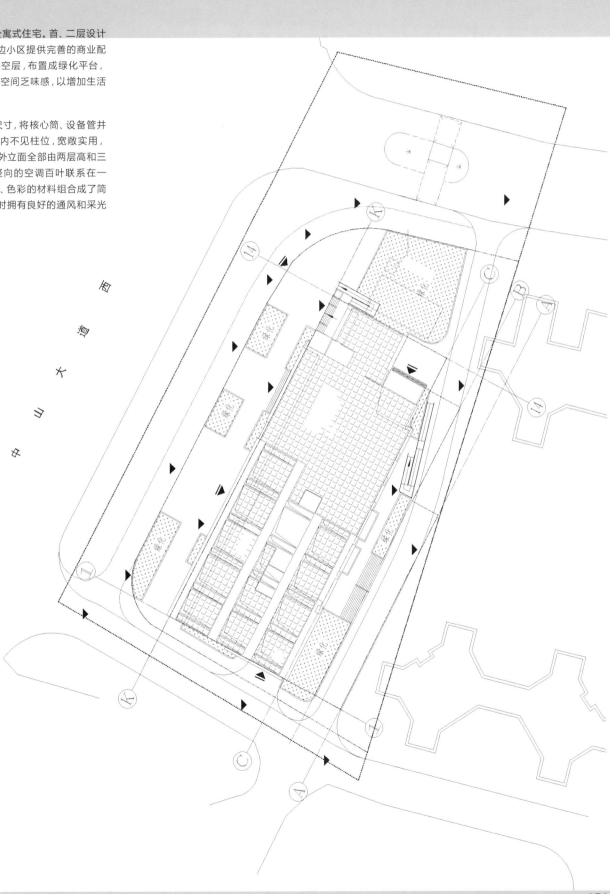

苏州中新工业园区市级机关住宅小区

项目地点：江苏省苏州市
景观设计：法国欧博建筑与城市规划设计公司

　　项目在方案设计中强调保护自然生态，充分利用河畔绿化带，基地中部引入水体进行整治，营造特有的人文景观空间。与内河体系及社区中心成为一个有机的、秩序完整的空间序列，同时将步行系统与视线设计结合，区内开放空间通向内河两岸。设计意在表达苏州园林风格的现代，强化项目的文化特征。在空中景观庭院及室外庭院空间的设置上，再现宅院合一的地方特色。

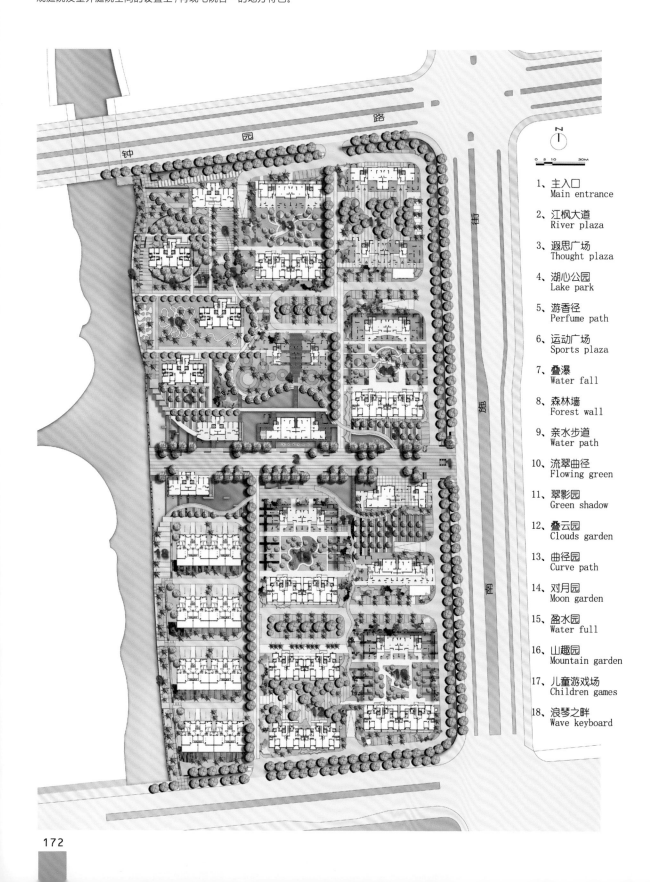

N
0 5 10　　30M

1、主入口
　　Main entrance

2、江枫大道
　　River plaza

3、遐思广场
　　Thought plaza

4、湖心公园
　　Lake park

5、游香径
　　Perfume path

6、运动广场
　　Sports plaza

7、叠瀑
　　Water fall

8、森林墙
　　Forest wall

9、亲水步道
　　Water path

10、流翠曲径
　　Flowing green

11、翠影园
　　Green shadow

12、叠云园
　　Clouds garden

13、曲径园
　　Curve path

14、对月园
　　Moon garden

15、盈水园
　　Water full

16、山趣园
　　Mountain garden

17、儿童游戏场
　　Children games

18、浪琴之畔
　　Wave keyboard

北京又一城

项目地点：北京市
开发商：北京华恩房地产开发有限公司
景观设计：香港ACLA国际景观规划公司
占地面积：368 000 m²
总建筑面积：1 150 000 m²

　　项目整个用地由城市规划道路分成四大块，最南侧规划为九年一贯制国际级芳草地学校、相关配套及绿化带，其他部分由东至西分别为A区、B区、C区。项目规划有两所幼儿园，B区规划有运动主题会所，C区西侧规划有综合商业和公寓，其他各项配套设施一应俱全。

　　在户型设计上，充分体现人性化和舒适度，南北通透。户型建筑面积有70~130 m²多种选择，格局方正，不浪费一寸空间，重新定义了现代人居的舒适阳光的生活尺度。

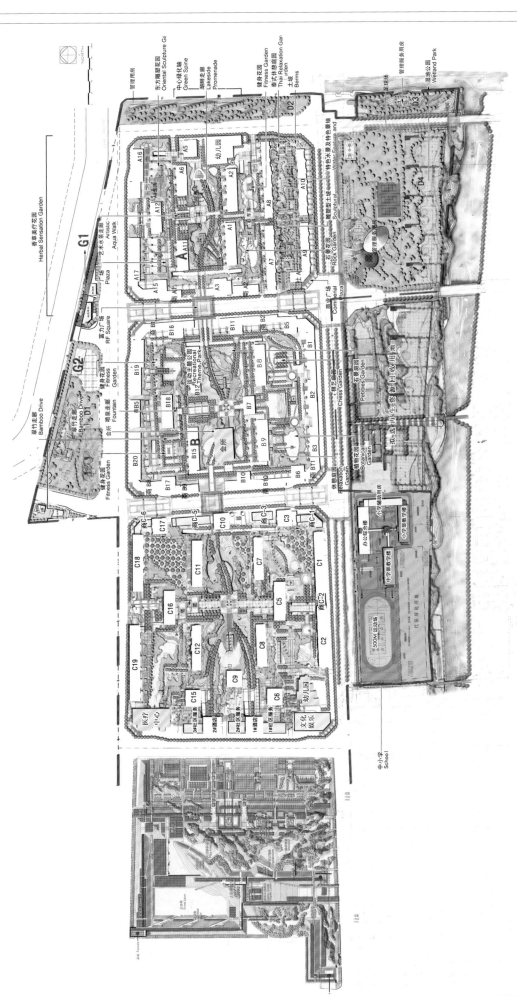

长沙华润凤凰城（二期）

项目地点：湖南省长沙市星沙大道东侧
规划/建筑设计：深圳市华域普风设计有限公司
占地面积：129 306 m²
总建筑面积：485 553 m²

　　长沙华润凤凰城（二期）规划设计东西向主要景观及人行主轴与南北向绿化支轴，以形成完整的景观系统。社区庭院空间疏朗，布局规整对称，并兼顾一定的空间围合。东西向轴线及人行入口空间得到重视与强化，南北向景观次轴随着台地蜿蜒立体地渗透至各个居住组团，真正做到了景观资源的共享与均好，又富有趣味性。方案跟随基地南高北低的竖向特点，因地制宜自南向北形成三级台地，层层跌落，既顺应了基地竖向走势，减少了填挖方量，增加了总体景观层次，也成为社区环境的一大趣味。设计采用高层低密度的策略，扩大景观庭院空间，视野开阔，使住宅系统采光通风条件更加优越，且城市天际线挺拔而有气势。

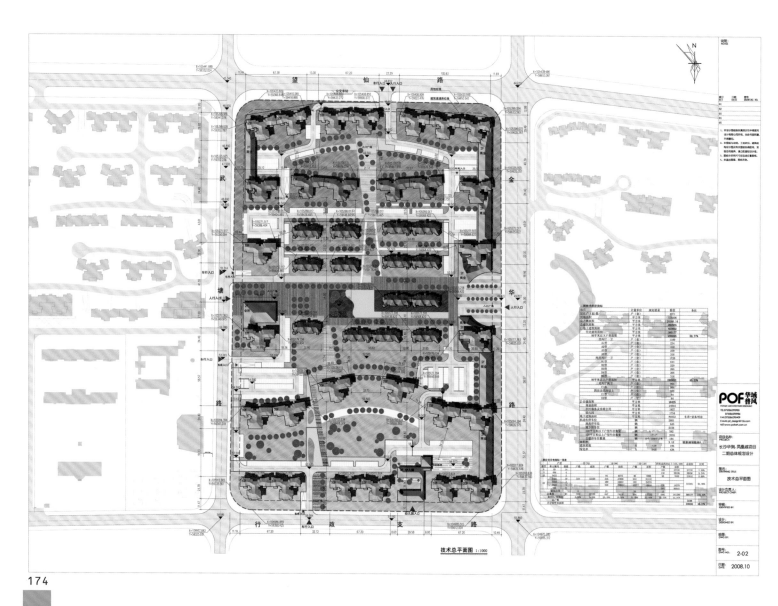

技术总平面图 1:1000

北京新天地

项目地点:北京市朝阳区
开发商:北京硕和房地产开发有限公司
占地面积:227 300 m²
总建筑面积:616 200 m²

　　项目住宅规划采用错落式布局,疏密有致,打破行列式布局的单调,各组团公共绿地相互渗透,创造组团间的流通活性空间。中心景观带设置的运动休闲设施及连通各楼的步行景观道,形成空间联系及人的行为流线的多样性。住宅规划为南北向短板式高层,体形挺拔、有力,营造出楼盘沿朝阳路的宏大气势。

　　单体造型注重量感,通过适宜的体量划分及适度的细节设计,营造出端庄、大方的立面风格。小户型采用凸窗及大面积的落地阳台窗设计,空间通透。户型设计注重公共空间的感受,电梯厅采用自然采光。注重各功能空间设计的合理性,特别是玄关的设计,避免了入户一览无余的弊端。实用性与高品质的统一体现在设计的每个方面,营造出高品质的中小户型居住环境。

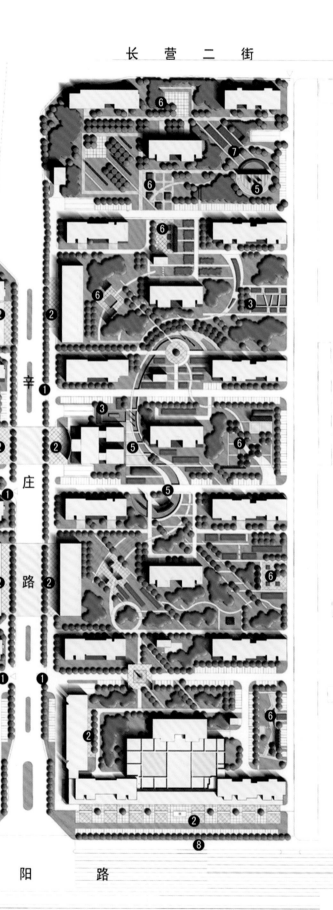

1　入　口
2　商业区
3　水景观
4　滨水广场
5　主题广场
6　休闲广场
7　修剪绿篱
8　市政绿化

北京融科钧廷

项目地点：北京市
开发商：北京融科卓越房地产开发有限公司
投资商：联想控股·融科智地
建筑面积：150 000m²
建筑密度：25%

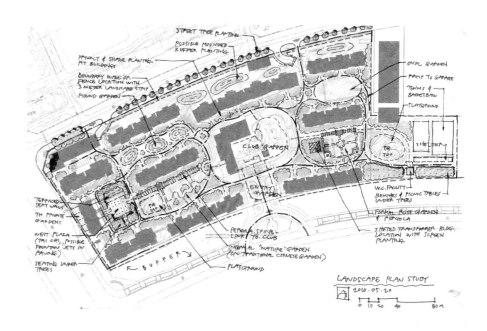

　　融科钧廷位于北京亦庄国际住区，是区域内罕有的70年产权低密纯板住区，中央有面积为3000m²宫廷式会所，环绕会所全部规划为9~14层法式阔景洋房，西侧为城堡式独栋商业以及两栋20层观景公寓，东侧为私属运动公园、公立小学和幼儿园。项目建筑密度25%，绿化率高达70%。

　　在设计理念上，融科钧廷深度剖析了法国人的浪漫生活方式，将法式古典园林的恢弘仪式感与中国园林的寓情于景完美地结合在一起，打造中西合璧的成熟园林。从法式巴洛克风格庄园式入口、华丽的铁艺大门、古典喷泉，到景观迎宾大道等，形成极具震撼力和尊贵感的庄园式门第。

　　项目吸取法式宫廷建筑、城堡建筑以及乡村建筑的经典设计元素，融科钧廷精心打造住宅建筑优雅细部，营造兼具传统与古典韵味，高贵浪漫，具有人文艺术气质的精致建筑。同时采用三段式立面设计，以获得古典建筑的仪式感，深色坡屋顶，精致独特的烟囱设计，成为标志性的法式建筑构件和精神力量。老虎窗、浅色石材裙房、墙身装饰线脚和手工艺术拼砖、典雅考究的立面细节，足以抗衡历史的苛刻审美。同时，法式一步阳台，精致铁艺栏杆，落地推拉玻璃窗等也为室内空间增添了自然情趣。

北京万科四季花城

项目地点：北京市顺义区
开发商：北京万科四季花城房地产开发有限公司
建筑设计：AUNA国际建筑设计事务所
　　　　　维思平建筑设计
中科建筑设计研究院
占地面积：200 000 m²
建筑面积：300 000 m²
容积率：1.56

　　万科四季花城位于望泉家园C组团，紧邻城市干道顺西路，距顺义城市商业中心仅800 m，距机场约9 km，距三元桥30 km，总建筑面积为300 000 m²，是一座以低层和小高层住宅为主的高品质低密度居住社区。

　　万科四季花城在规划过程中，借鉴美国的新城市主义规划理念，满足人们社会交往和归属感的需求，注重公共空间，注重城市形象与标志感，形成一个多元健康的社区。同时运用德国式严谨理性的规划概念，通过对地块条件和形状的研究，整理归纳出最简洁、有效的布置方式，以达到空间结构清晰，土地利用合理的目的。

北京玻璃四厂住宅

项目地点：北京市宣武区
开发商：北京诚通房地产开发有限公司（北京通亚投资发展有限公司）
建筑设计：北京中联环建文建筑设计有限公司
主设计师：江南、向青、柳文汇
总建筑面积：46 679 m²

项目位于永定门西大街3号，原为北京玻璃四厂。南临南二环永定门西滨河路，东临永定门内大街，西临太平街。用地紧邻陶然亭公园及先农坛体育场。

项目为首家明清文化公园社区，二环内独有的City garden house为低层叠式别墅，公寓4～6层带电梯，一梯一户或二户，主力户型建筑面积在150～300 m²之间。社区内林立21株500年参天古树，约5.8 m的高坛墙四面围合。

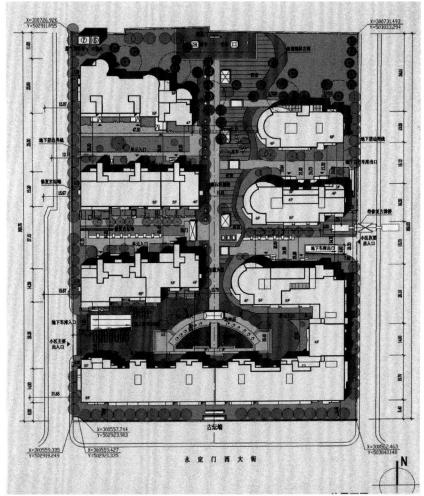

北京塞纳维拉

项目地点：北京市昌平区
开发商：北京塞纳维拉房地产开发有限公司
景观设计：北京土人景观规划设计研究院
　　　　　北京大学景观设计学研究院
主设计师：俞孔坚
占地面积：12 300 m²
绿化率：60%

　　塞那维拉项目位于北京亚运村北部立水桥附近，南临中国石化党校，北与温泉宾馆相邻，东部与北京最大的经济适用房地产天通苑接壤，西面紧邻安立路，与北方明珠相对。社区所在地与已建成的奥运村相邻，交通便利，周边各项基本配套设施完善，但周边自然环境较差。

　　在会所东部的集散广场上，设计了一个半规则半自然的中央水池，作为整个社区景观的核心，将水体沿途以湖——溪流——跌水——溪流——浅滩的形式延伸到每一栋建筑的前庭，在每户门前开辟临水平台和木桥，水边大量种植乡土的水生或湿生植物，充分展示北方的水性、水景，使居者完美体验水趣。

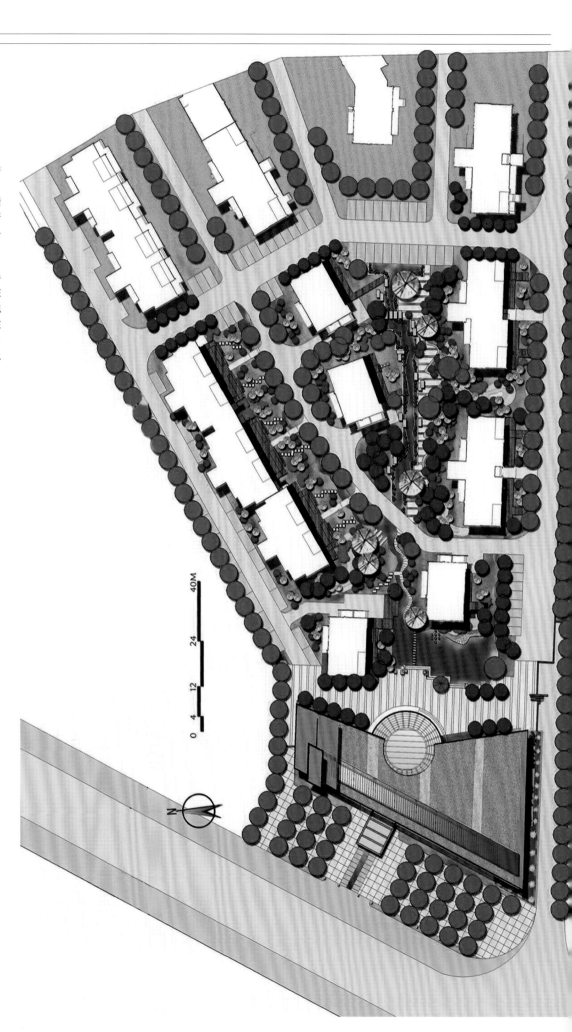

北京润枫水尚

项目地点：北京市朝阳区
开发商：北京润丰房地产开发有限公司
占地面积：143 759.60 m²
总建筑面积：425 023 m²

　　北京润枫水尚位于朝阳北路与青年路交界西北处，南临珠江罗马、北靠华纺易城、西接绿化带隔离。这里没有密集、高耸的楼宇，没有喧嚣的商务氛围带来的精神紧张，弥漫在空间的是一派纯居住的平静和松弛。

　　园林布局由开放的中央湖区、半开放的溪流两岸、私密的组团内院的多层次绿化空间构成。各组团以社区公园的大型水景湖为中心，组团之间由一条贯穿南北的景观河流连接。社区的绿化率达到35%，这种高绿化率在住宅项目中极为少见。项目结合三种组团建筑物的不同风格，配以相应的组团园林景观，并用统一的设计手法将不同景观元素联系起来，使整体风格现代简约。

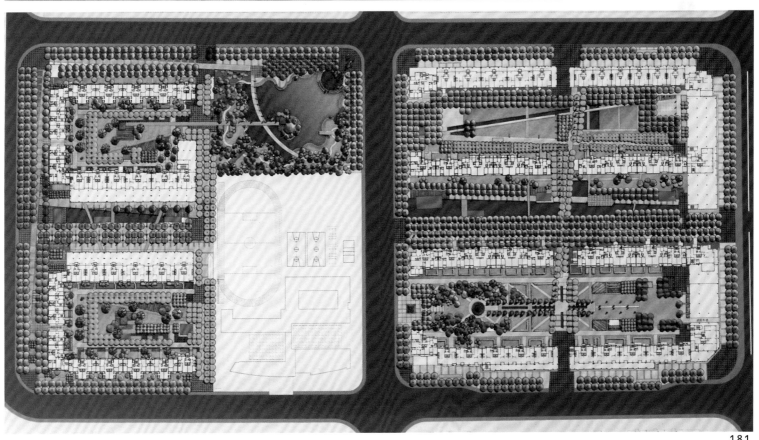

包头保利香槟花园

项目地点：内蒙古自治区包头市
开发商：保利地产
景观设计：北京擅亿景城市建筑景观设计事务所
占地面积：198 000 m²
总建筑面积：550 000 m²
绿化率：37.5%

包头保利香槟花园总用地面积198 000 m²，园林设计面积约为120 000 m²，绿化率约37.5%。项目处于城市中轴线上，毗邻包头市高新区，距城市中心商业圈仅3 km。周边有完善的文化教育、酒店办公、商业购物、休闲娱乐场所、社会服务等配套设施。

项目在保持一贯的法式特色基础上，建筑通过错落开放的形势呈现出更加灵活多变的特色；景观在细腻精致的基础上，更加突出和谐大气的法式园艺特征。

包头保利香槟花园具有自身的楼盘特色和高档次的楼盘定位。以"香槟礼遇·浪漫至尊"作为贯穿设计的概念主题，结合"上流品位、浪漫情怀、高贵象征、世代传承"四大核心价值，将整个楼盘景观的结构归纳成为"一带、三轴、四心"。

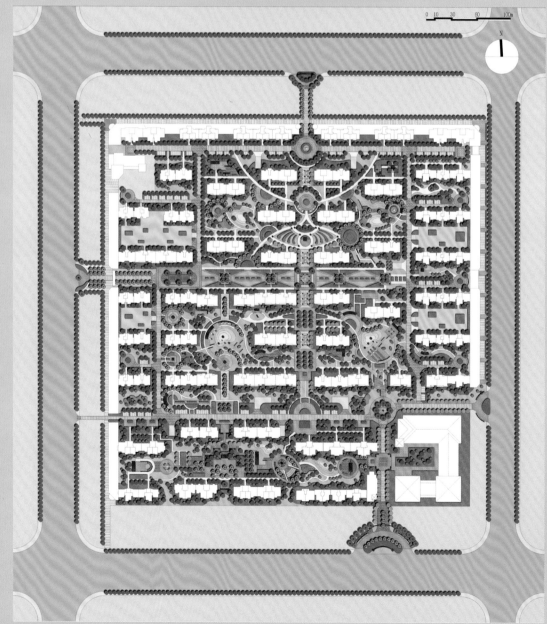

东莞万科高尔夫花园六期

项目地点：广东省东莞市环城东路
建筑设计：瀚华建筑设计有限公司
占地面积：151 925 m²
总建筑面积：121 721 m²
设计时间：2006年
竣工时间：2008年

　　本项目位于东莞新城中心、黄祺山高尚生活片区，西面为峰景高尔夫俱乐部，地理位置优越。规划时将高层放在用地北侧和东侧来提高土地使用率。六栋24层高层放在用地中段北侧并面向别墅区，七栋18层洋房置于地块东侧面向西南。建筑方面，两栋短板相拼、点式转角相错等处理使住区边界开阔、视野得到开拓，是设计上的一个亮点。

　　在大型住区中，高层与别墅的关系总是存在着对立，高层对别墅的视线干扰无法回避。故设计师用简洁的线性手法处理建筑立面，将高层的压迫感降到最低，并使之成为社区的背景和社区的界定。

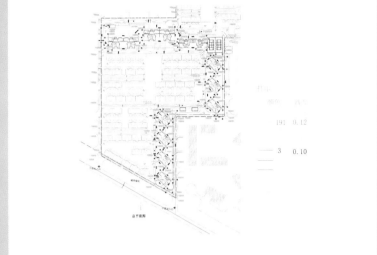

总平面图 1:500

广州保利百合花园

项目地点：广东省广州市海珠区工业大道南
开发商：广州保利股份有限公司
规划/建筑/景观设计：广州市景森工程设计顾问有限公司
合作设计：广州智海建筑工程技术有限公司
占地面积：560 000 m²
总建筑面积：220 000 m²
容积率：2.6
绿化率：30.40%

　　保利百合花园项目位于广州市海珠区工业大道南，在保利红棉花园和保利花园之间。基地布置利用现有地形高差，沿北侧小区道路以北下挖2 m，该区组团地坪抬高2 m，形成一架空开敞式的半地下停车空间，有效解决高差问题，营造了丰富的小区环境。

　　保利百合花园呈围合状分布，其生态、立体、互动的大型中心园林，创意、精致的标准装修以及200 m长的私家文化艺术长廊，是该项目的特色亮点。在户型设计上，关注居住的舒适感，尽量满足大厅、大主卧的需求，各功能分区紧凑又不相互干扰，具有较高的实用性，并保证了每个房间采光与通风良好。

网球场　环碧花架　儿童乐园　翠园幽曲　椰荫泳池　粤韵滴翠　雅乐畅春　瀑布　入口广场

规划道路

总平面

佛山中海万锦豪庭

项目地点：广东省佛山市南海区桂城
建筑设计：瀚华建筑设计有限公司
占地面积：109 305 m²
总建筑面积：460 944 m²

　　项目位于佛山市南海区城市中轴线侧，西临千灯湖景区，北眺雷岗生态公园，环境条件得天独厚。为获得最佳的朝向和采光效果，规划采用南北向行列式布局，并以围合式组团为基本模块，通过建筑布置上的南北错位变化以及周边点式高层等局部高度提升，构造高低错落的空间形态，打破行列式组合易带来的呆板感。

　　在户型设计中充分考虑立面因素，在户与户之间、栋与栋之间以及不同楼型之间进行精心错位布置，使立面风格与整体规划相呼应，并为进一步的细化设计搭建了良好的骨架。同时吸取了地中海沿岸依山就势的台地建筑风格特点，将天面设计为局部坡屋顶，立面墙身和阳台局部以装饰线角点缀，阳台设黑色铁艺栏杆和玻璃栏板，使建筑兼有现代和古典西洋建筑的气息。

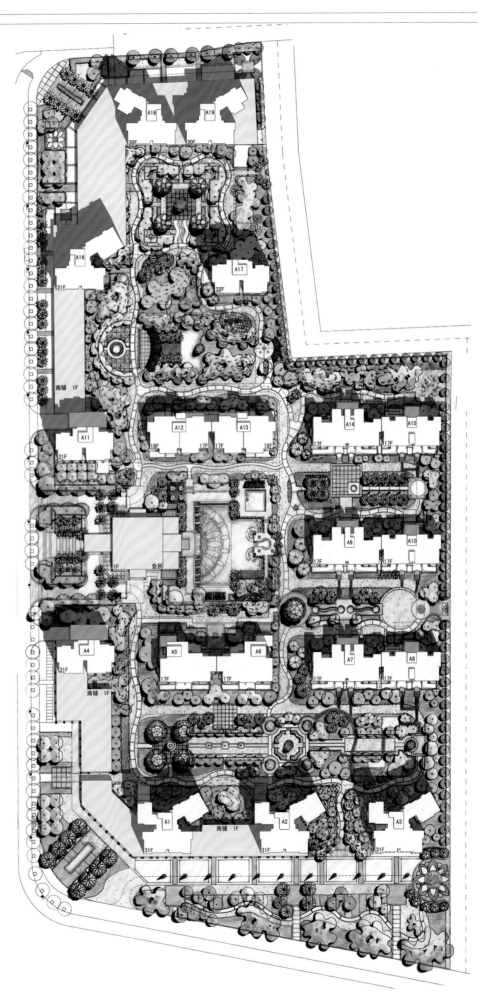

郑州联盟新城(四期)

项目地点:河南省郑州市
开发商:河南美景鸿城置业有限公司
景观设计:广州集美组设计工程有限公司
主设计师:齐胜利、吴剑锋、余荣韵、董瑾、JEFFREY

设计中运用了"一轴、三区"的空间布局方式,以水景为主要轴线,依照"外动 - 内静 - 外动"的空间属性和空间顺序进行景观节点设计。

外动——商业中心为人们提供了生活的便利,也是提高人们生活质量的关键,设计中创造了可为人们购物、逛街、停留、休息的广场空间,人们的活动方式是充满热情和动感的,因此该区域的气氛是活跃而愉快的。

内静——踏入了小区,人们需要远离城市的喧嚣,回归自然,回归安静,同时也希望拥有可以与亲朋好友一起活动的空间。在这个区域里面,设计以"巷道、院落、家园"为主题,虚实相映的回廊、尺度亲切的院落空间、层次变化丰富的景观,为小区居民提供聚会、聊天、下棋、玩耍等功能空间,加强人们对小区的归属感。

外动——作为小区"后花园"的"韵"动花园,通过自由的地形、茂密的树林、丰富的景观层次,形成一处自然、舒适的区域。设计中考虑了人们对运动、休闲、游览等的需要,加入了运动小径、自行车道、篮球场等元素,引导人们形成健康、愉快的生活方式。

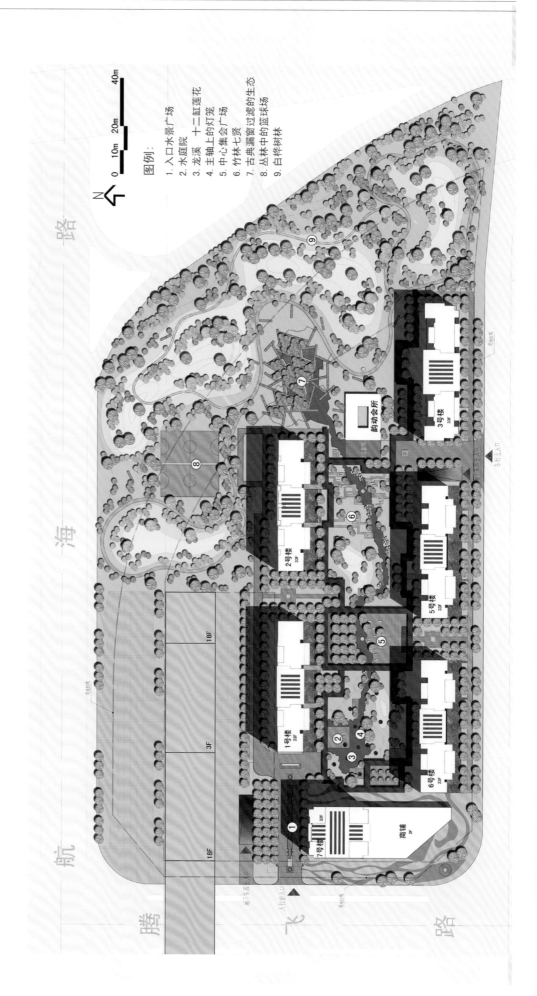

图例:
1. 入口水景广场
2. 水庭院
3. 龙溪 十二缸莲花
4. 主轴上的灯笼
5. 中心集会广场
6. 竹林七贤
7. 古典漏窗过滤的生态
8. 丛林中的篮球场
9. 白桦树林

广州时代依云小镇

项目地点：广东省广州市白云区集贤路
建筑设计：广州瀚华建筑设计有限公司
占地面积：46 800 m²
总建筑面积：88 959 m²

　　本项目规划吸取新城市主义的先进理念，建筑布局和空间设计都建立在对基地和周边情况科学分析和综合的基础上，寻求最佳规划设计方案。注重居住环境质量，利用小区本身独特的景观环境和地理位置，对主要空间节点的景点配置、景观轴线、组团内环境营造等作出精心设计，营造一个有活力、有生活情趣的城市花园住宅区。

　　小区立面形式采用现代主义风格，采用架空层、凸窗台、落地窗及假阳台的形式，空调机位加百叶修饰，建筑造型新颖独特，立体感强，色彩搭配明快，能很好地烘托出整个小区高尚、雅致的气氛。

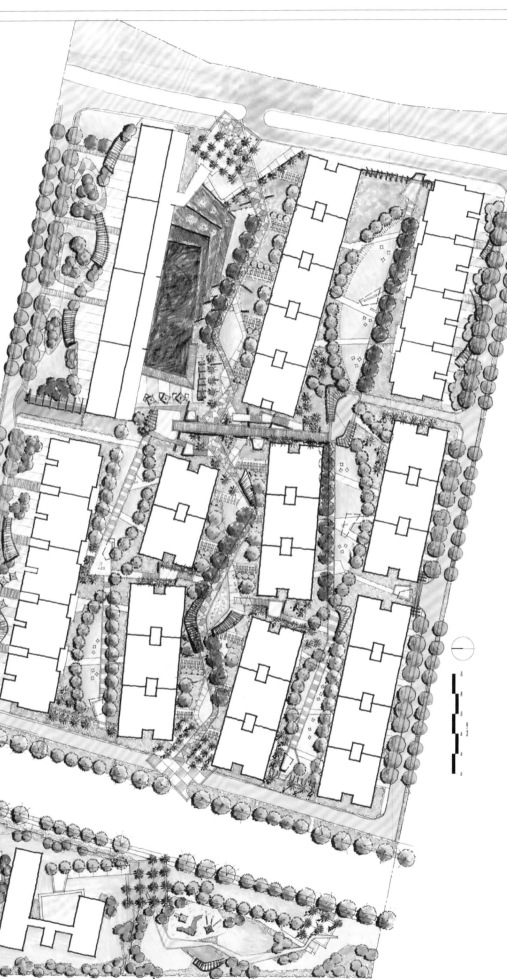

深圳佳兆业香瑞园

项目地点：广东省深圳市
开发商：迪升置业（深圳）有限公司
建筑设计：深圳市同济人建筑设计有限公司
总占地面积：60 000 m²
总建筑面积：100 000 m²

　　深圳佳兆业香瑞园位于龙珠大道和南坪快速交会处北侧，位于规划中的塘朗山片区，归属于大华侨城范围。项目定位为城市低密度高尚住宅物业，项目依山而建，总占地面积约6万 m²，总建筑面积约10万 m²，平均容积率约为1.8，整个项目由3栋联排别墅及8栋12层小高层组成，规划总户数约900户。

　　项目建筑风格为法式古典风格，园林的规划理念为皇家法式园林风色，同时结合地域特色，在园林中保留原始地貌并花重金打造生态溪流，将自然生态融入项目中。项目分南北区建设，北区产品主要为联排别墅、小高层洋房，其中联排别墅主力户型建筑面积为260~300 m²，洋房主力户型为168~180 m²的四室及少量的280~300 m²顶层复式；南区产品以小高层洋房为主，主力户型为87~125 m²的三室、77~88 m²的两室以及少量的约60 m²一室。

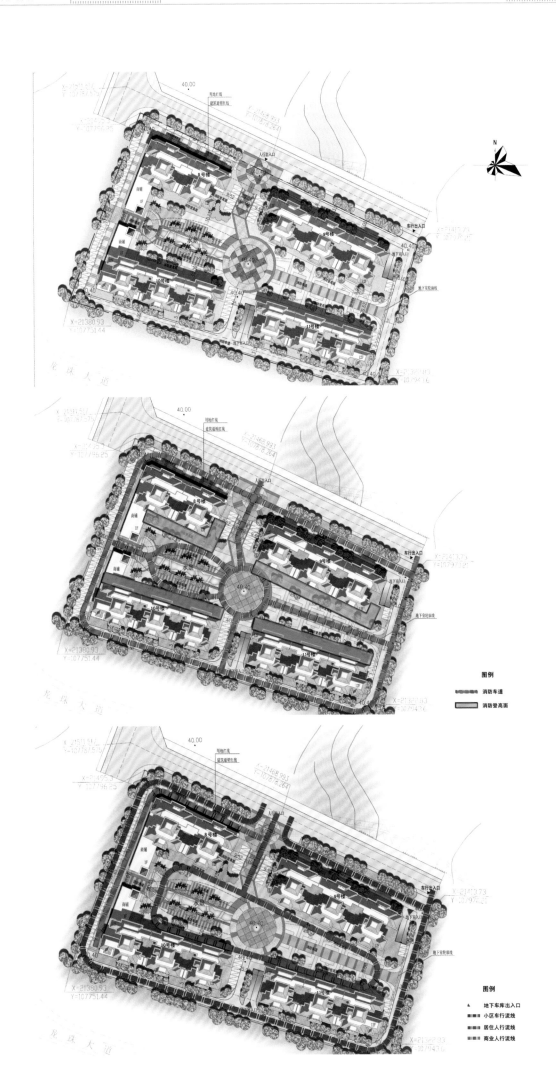

图例
消防车道
消防登高面

图例
地下车库出入口
小区车行流线
居住人行流线
商业人行流线

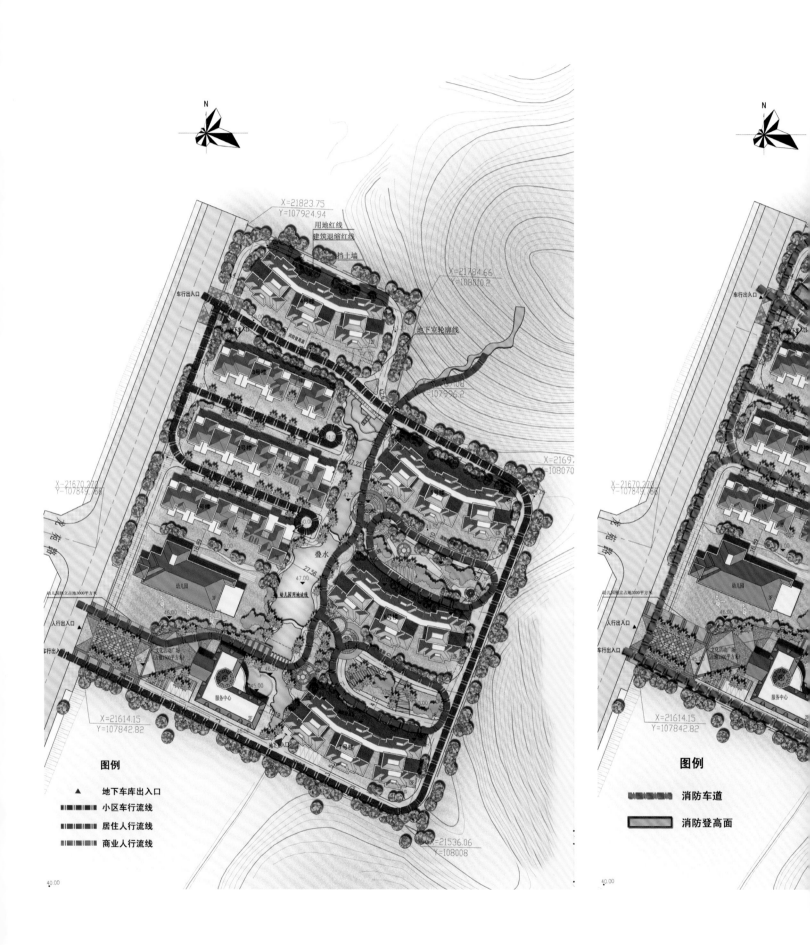

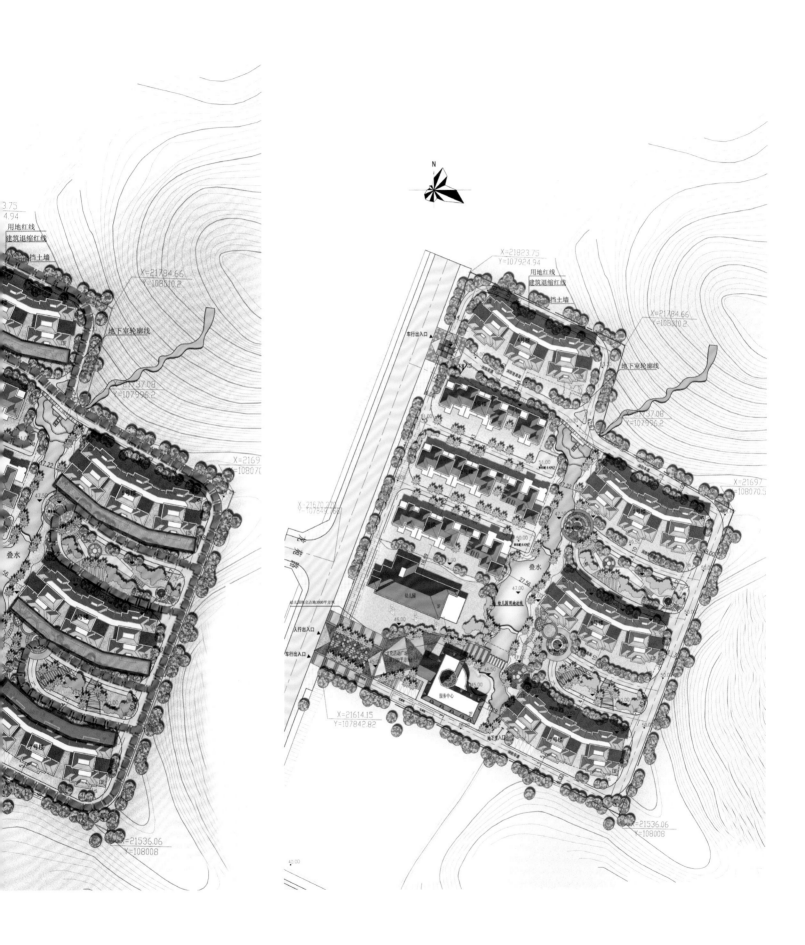

无锡米兰·米兰

项目地点：江苏省无锡市
开发商：无锡金科房地产开发有限公司
景观设计：香港阿特森景观规划设计有限公司
占地面积：67 111 m²

　　无锡米兰·米兰位于江苏省无锡市新区，位于新区金城路与锡士路交叉口东南侧，总占地面积为 6.7万 m²，地处无锡新区的核心位置。项目四周环形景观带成为其对外展示的重要界面。项目包括商务风情花院洋房、商务风情高层、商务酒店式公寓、商务风情商业街等多元物业。

　　整个项目建筑的外展界面维护了市政道路的完整性，通过对城市道路噪音的测量与分析，以生态坡地合理搭配层次丰富的绿化，把城市对项目内部的影响降到最低，也保证项目内部的私密性。项目景观设计依托一环、两轴、三带、六大院落的主要空间结构，以地中海文化为景观主线，打造生态私密、艺术浪漫的地中海小镇氛围。从人的实际景观需求出发，有序地布局整体景观空间，突出人与人的和谐、人与社区的和谐、社区与城市的和谐。景观以地中海风格为主基调，通过对场地与周边建筑规划的细致分析，市场与外围环境的深度挖掘及风土人情的深入了解，展开项目的一体化景观设计。

苏州中旅蓝岸国际

项目地点：江苏省苏州市工业园区
开发商：香港中旅（集团）有限公司
建筑设计：CCDI中建国际设计顾问有限公司
总建筑面积：194 000 m²

　　苏州中旅"蓝岸国际"（即苏州151地块）居住小区坐落于苏州市工业园区内，总建筑面积约20万 m²。"蓝岸国际"居住小区除了有高层公寓、小高层公寓、多层公寓和联排别墅组成的住宅空间以外，还有会所和沿街商业等公共空间，为居民提供了便利的生活服务。小区两面临河，地理环境优越，开发规模适中。

　　该项目的整体设计以"法兰西印象"为主题构思，一方面是源自对苏州的法国友好城市格勒诺布尔市（GRENOBLE）的研究，另一方面是考虑"香港中旅"企业名称所应传达的一种意向，既然是"旅"，印象中就会对应一处异域的风景。规划师通过精心的设计，将这个主题物化为苏州工业园区一个滨水居住小区。从设计成果看，规划师在城市规划管理和业主开发意图之间取得了平衡，客观分析了地块整体和局部应有的价值，为居住、交通、游憩及公共服务配套等诸系统设定了合理的配置。

　　项目注重法式浪漫的建筑风格，以现代的建筑语言，塑造高雅的人文居住环境。使居住者情感回归于宁静与自然，同时彰显建筑的时尚感。完整和谐的整体格局与精心设计的建筑细节充分体现居住建筑在走向理性的同时，又注重对人文的全面关怀。高层花园洋房设计充分利用观光电梯、入户花园、转角窗及阳台将水景与绿化景观引入住户生活，小高层电梯及多层公寓成C形组合，创造出具有强烈围合感和归属感的组团庭院空间。建筑造型采用法式孟莎坡屋顶结合平屋面的设计手法，应用高雅文化气息的设计元素，简洁现代、色彩宜人。坡屋顶、框架、飘窗等立面元素的合理应用创造了丰富的立面效果，勾勒出高低错落、优美的天际线，营造住户对家的认同感，使建筑与环境融为一体，形成新颖、明快的法国群体风格。

北京市小红门居住区

项目地点：北京市丰台区
开发商：北京中海房地产有限公司
建筑设计：北京市住宅建筑设计研究院有限公司
　　　　　加拿大BVA建筑事务所
占地面积：119 600m²
总建筑面积：350 100m²

　　北京市小红门居住区（R4~R7地块）项目位于北京市丰台区小红门，用地东至成寿寺路，西至宋家楼路，南至郭家庄路，北至中海城R1~R3地块。居住区性质包含居住、商业配套、市政公用设施等，建设用地11.96万m²，地上建筑规模28.27万m²，地上地下总建筑规模35.01万m²。

　　建筑设计以南北通透的板式住宅为主，使住宅均能充分惬意地享受阳光、清风、拥抱大自然的绿色美景。为了提高舒适性，住宅户型均采用大面宽小进深比例，以加大房间的采光面积，使房间比例舒适适用。户型设计动静分区明确，并特别注重户型的细节设计，厨卫、水洗布置方便经济，力求户内没有浪费面积的现象。项目含有四个以季节为主题的花园。花园的风格采用传统的欧式格调，尽管每个花园都有自己的特色，整体上它们是在更大的规模上相和谐的。植物材料的色彩是设计的主要要素，以求得在城市氛围内创造出季节变迁的感受。

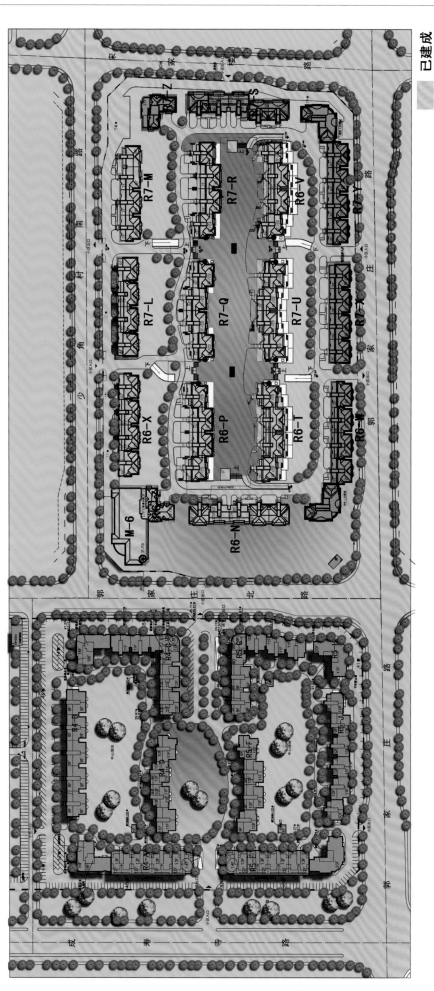

已建成　未建成

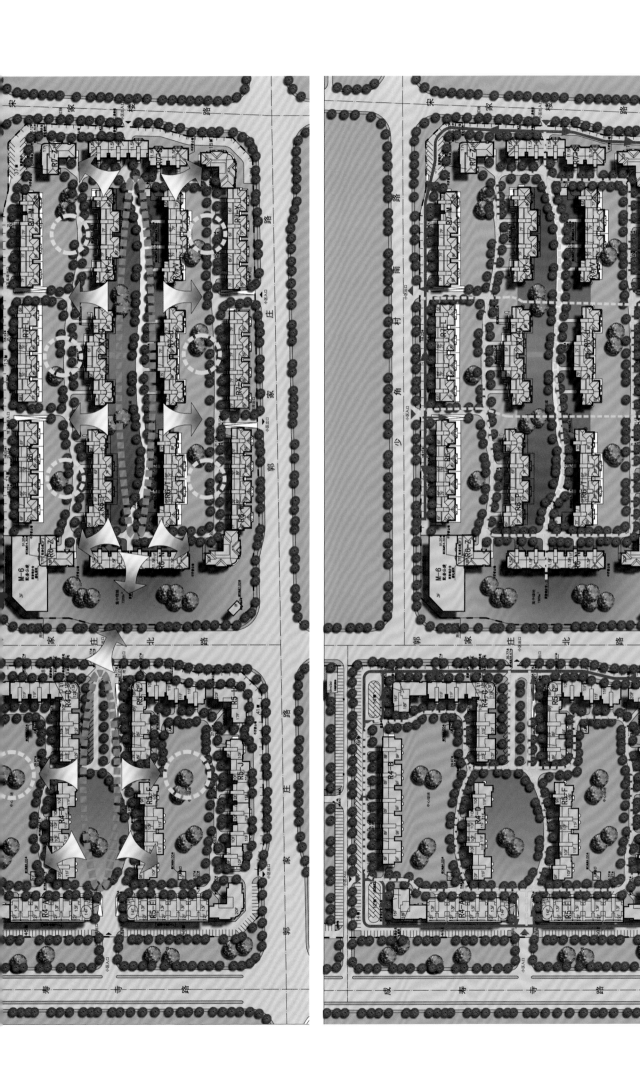

步行系统　车行系统

赣州天悦豪庭

项目地点：江西省赣州市
开发商：赣州市福满园置业有限公司
建筑设计：赣州市建筑设计研究院
景观设计：理田国际（澳洲）建筑景观与室内设计有限公司
占地面积：8 000 m²
容积率：2.25
绿化率：30.2%

在天悦豪庭的景观设计中，与自然融合是景观设计的中心思想。设计师试图通过对自然美景的重塑，再现自然界变化万千的景物，以达到不仅在视觉上给人以美感，而且在空间上提供令人身临其境的环境的目的。同时，设计融入了健身、娱乐等概念，在赋予环境功能的同时，亦升华环境的艺术品质，使人们不仅感受到身心的放松愉悦，更受到精神的陶冶。

进入小区，就可看到富有异国风情的加州广场，广场的尽头是跌水水景，跌水两边是弧形楼梯，依着楼梯而上两边是叠级花池，花池分层种植茂密的灌木和高大的乔木。中心主轴景观由此开始，道路两边以模拟起伏丘陵绿化为主，点缀雕塑小品，体现景观设计中心思想。在道路交接处，以放大小广场过渡到各林荫小路。沿着林荫走道，人们可以欣赏特色的铺地和丰富多变的植被。

1　加州风情广场
2　访客泊车位
3　生态泊车位
4　晨练场
5　康体健身
6　叠水景观
7　风情阶步
8　聚泉庭
9　构架廊
10　林径小品
11　阶梯林荫路
12　竹荫小径
13　隐性回车场
14　退景小品
15　儿童游乐区
16　腊石小品
17　对景小品
18　风情商业街
19　围墙院落景观
20　道路景观

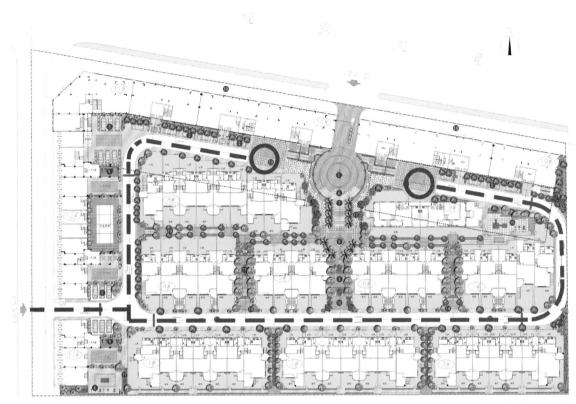

▰▰▰▰▰▰ 紧急消防通道

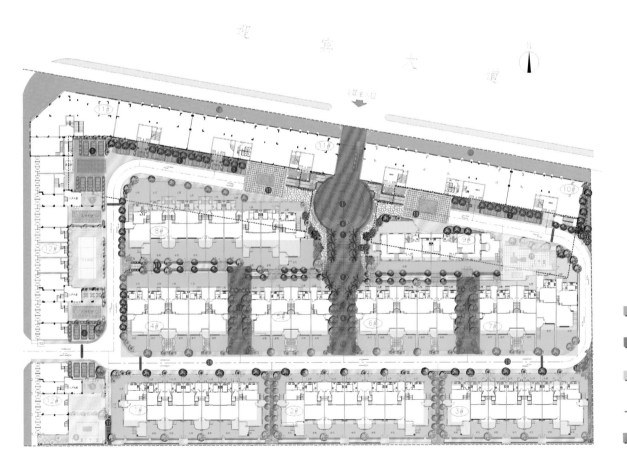

▰▰ 商业景观街

▰▰ 生态泊车景观区

▰▰ 私家院落景观区

▢ 儿童游乐与健身区

▰▰ 小区主景区

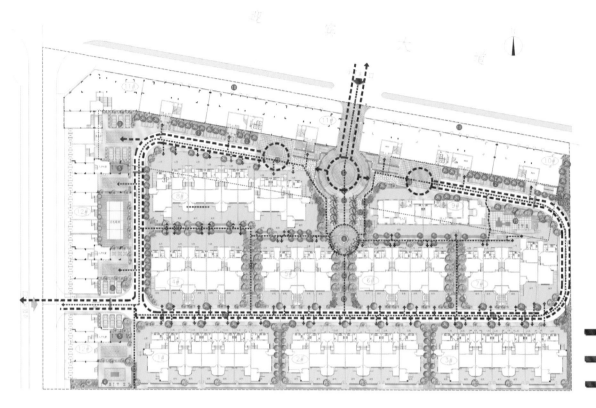

机动车道

住户入口

人行通道

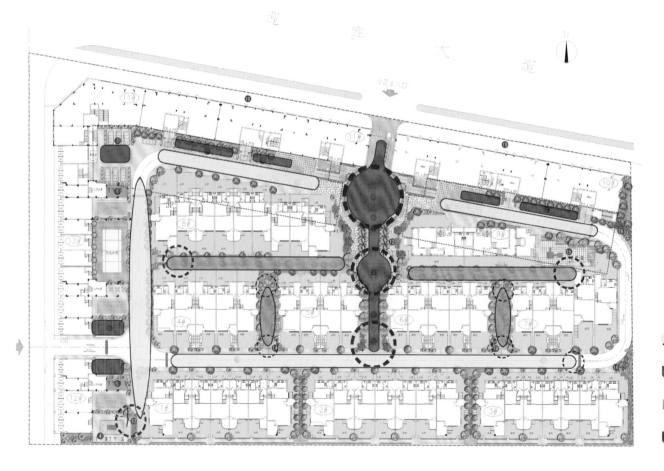

景观节点

道路景观

主景观轴

院落景观

生态泊车

长沙旭日东升小区

项目地点：湖南省长沙市
景观设计：宏基景观

　　项目位于汉城路东侧，距正在建设中的浏阳河风光带只有1km左右，周边有比较多的市场，交通方便。房屋南北向距离短，通风、采光效果好。

北京金地仰山

项目地点：北京市
开发商：北京金地融侨房地产开发有限公司
规划/建筑设计：上海日清建筑设计有限公司
　　　　　　　天华建筑设计有限公司
景观设计：普利斯设计咨询（上海）有限公司

　　金地仰山位于北京市近几年兴起的大型居住区之——大兴新城北区，东至兴盛街、西至西旺路、北至乐园路、南至金星路，周边自然环境优美、道路通行状况良好，尤其是地铁大兴线开通后，使得到达市区更加便捷。项目为5~9层逸墅洋房，11~18层怡景花苑，约2 000户。户型建筑面积为80~180 m²之间的二至四居室。

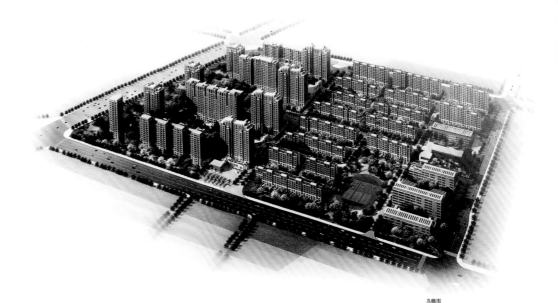

鸟瞰图

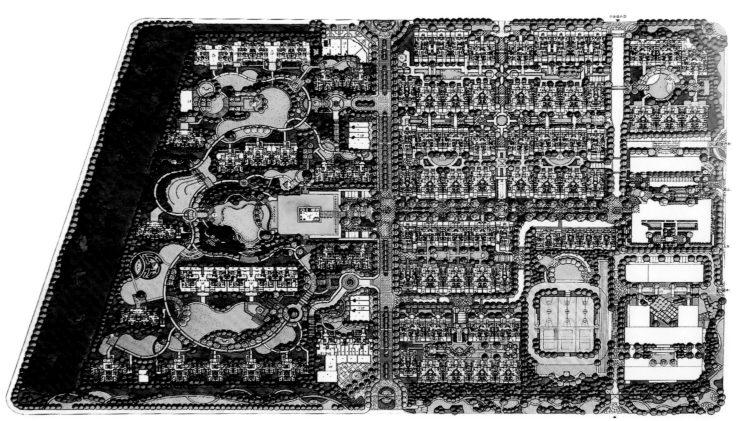

总平面图

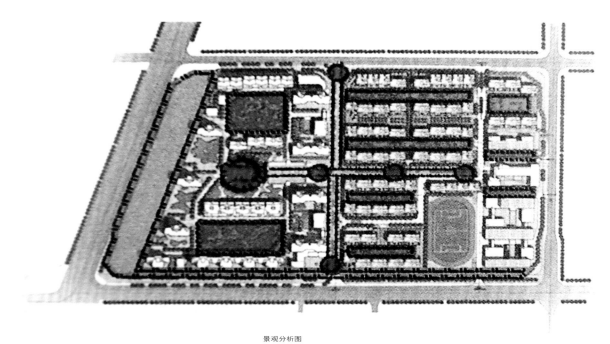

景观分析图

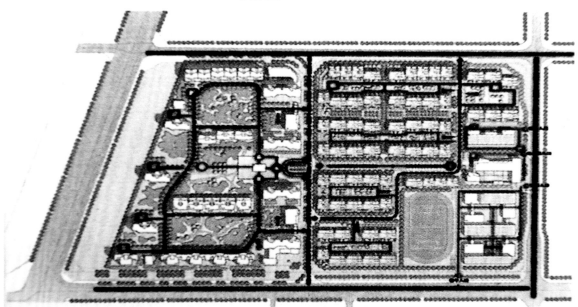

交通分析图

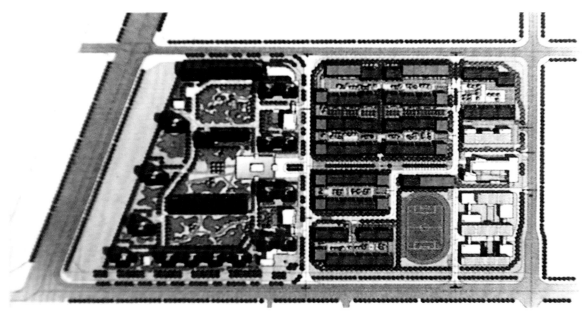

户型分析图

宁波银亿海德花苑

项目地点：浙江省宁波市
开发商：宁波银亿房地产开发有限公司
规划设计：DC ALLIANCE，SINGAPORE
（上海DC国际）
建筑设计：宁波东方建筑设计院有限公司
　　　　　中国恩菲工程技术有限公司
景观设计：广东棕榈园林工程有限公司

　　银亿海德花苑位于宁波江北最繁华的交通干道洪塘中路以东，机场路以西，规划路以南。项目拥有洪塘首座面积逾4万㎡的旗舰级商业中心和建筑面积近8万㎡的英伦风情人居住宅，项目独家内拥超宽私属滨河长廊，外享秀美绿化带。壮阔美景贯穿整个小区，能够享受滨河风情生活。高层住宅四面无遮挡，三面风景环绕。幢幢一线开阔观景，风情无限。主力户型建筑面积为100~130㎡，面积适中，布局合理，间间采光，方正通透，是大视野的人性化居住空间。

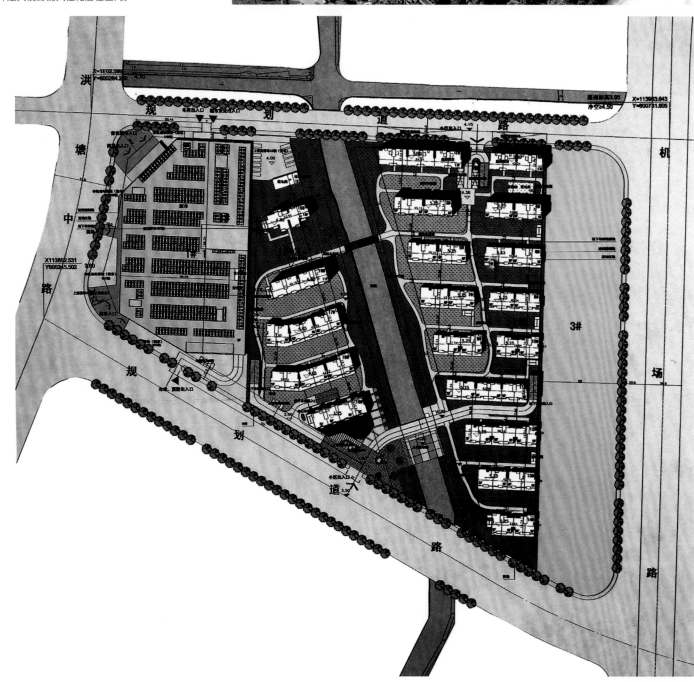

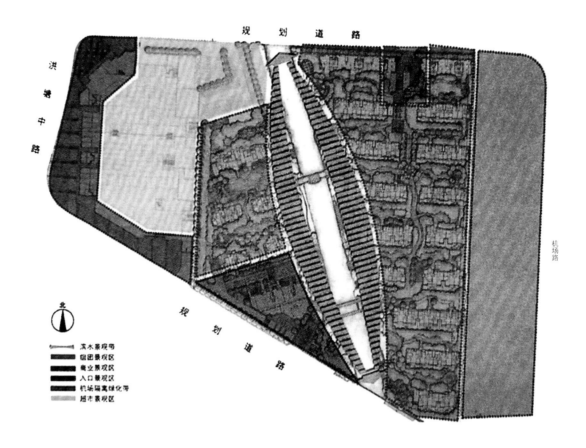

景观功能分区图

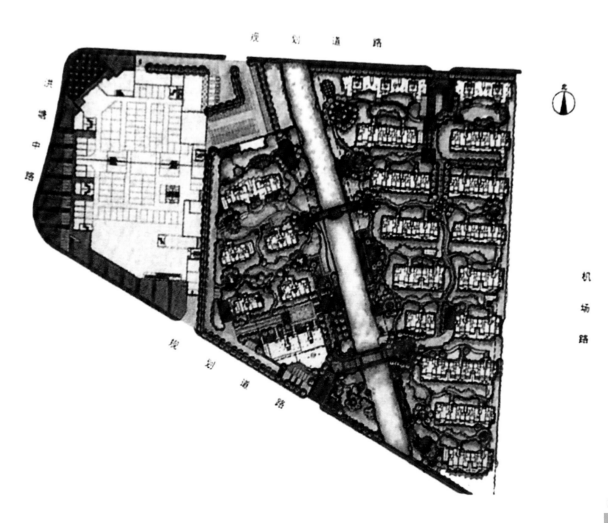

南昌新丰丽都花园

项目地点：江西省南昌市
建筑设计：筑领国际设计机构（上海）
主设计师：黎杞昌、郭锋
占地面积：25 000 m²

　　项目带动地区活力，塑造门户景观，完善功能配套，实用和享受并重，优化生态网络，营造人居环境。建筑单体力图以简洁流畅的形态来表达当地建筑的精神。通过建筑体量虚实的对比变化和材质的对比来体现建筑的存在性。

小区鸟瞰图

深圳中航·鼎尚华庭

项目地点：广东省深圳市龙岗区
开发商：深圳市中航地产发展有限公司
建筑设计：中国航天建筑设计研究院（深圳分院）
景观设计：深圳市园林设计装饰工程公司
占地面积：38 830 m²
总建筑面积：111 851 m²
容积率：2.2
绿化率：38.5%

　　中航·鼎尚华庭地处坪地街道办教育路与振兴路交会处，距离龙岗区政府约15 km。周边分布着深惠公路、惠盐高速等要道，交通便利，通达度高。整个社区由九栋建筑自然围合而成，以小高层为主，辅以两栋高层。整个项目利用东西向较长的特点，在产品规划上讲求户户方正，南北通透，主力户型建筑面积为126~191 m²的三室、四室板式纯大户。社区周边学校、银行、商业等一应俱全。

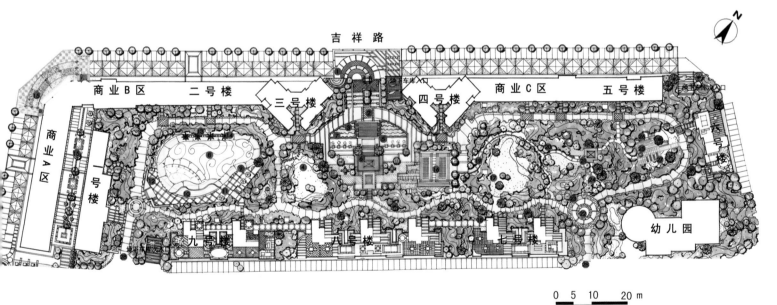

总平面图

0 5 10 20 m

图例：

1. 入口特色水景
2. 入口主广场
3. 种植花槽
4. 阳光草坪
5. 壁泉水池
6. 景观平台
7. 壁泉景观小品
8. 成人泳池
9. 洗澡池及淋浴池
10. 儿童戏水池
11. 休闲座椅
12. 景观花池
13. 景观花墙
14. 水中树池
15. 商业街广场
16. 多功能广场
17. 休闲草坪
18. 架空层景观连廊
19. 休闲草坪入口
20. 景观步道
21. 景观亭
22. 圆形广场
23. 特色景墙
24. 幽林小径
25. 景观水景
26. 特色景观墙
27. 休闲广场
28. 园区次入口

成都归谷国际

项目地点：四川省成都市
开发商：成都弘里置业有限责任公司
建筑设计：山鼎国际有限公司(Cendes)
占地面积：26 558 m²
建筑面积：117 724 m²

　　归谷国际住区位于成都城南与城西交会核心地段，尊贵地段无可复制，处于丽都生活圈核心地段，毗邻玉林和紫荆两大生活圈，占据城南高尚住区中心区域，为城南新兴高端社区，城南2.5环内最后可开发地段，配套成熟，升值潜力大。

　　项目采用简洁的行列式布局，使每栋建筑更明确，增加了规划建筑的均好性。南偏东的建筑朝向，使建筑获得更多的太阳光热能量。与成都地区常年主导风向形成一定的角度，既保证在自然条件下室内的空气流动，又减少了主导风向在冬季对建筑造成的热量损失。以"城市让生活更美好"为设计原则，将"以人为本"的规划理念与项目用地的具体情况相结合，创造出具有整体气势和内在气质的高品质国际居住区，形成一种多元文化交融的国际化居住氛围。

　　在细节设计上采用20 cm厚架空楼板，架空层填保温陶粒，隔绝楼上楼下噪音和热传递，最大限度减少外环境对室内的影响；80 mm厚保温板，有效阻挡冷热辐射，同时增强保温隔热效果，使室内冷热不易散失；金属外遮阳卷帘，阻挡绝大部分紫外线和热辐射，自由调节自然光强弱，折光率约达80%，营造最佳光环境。

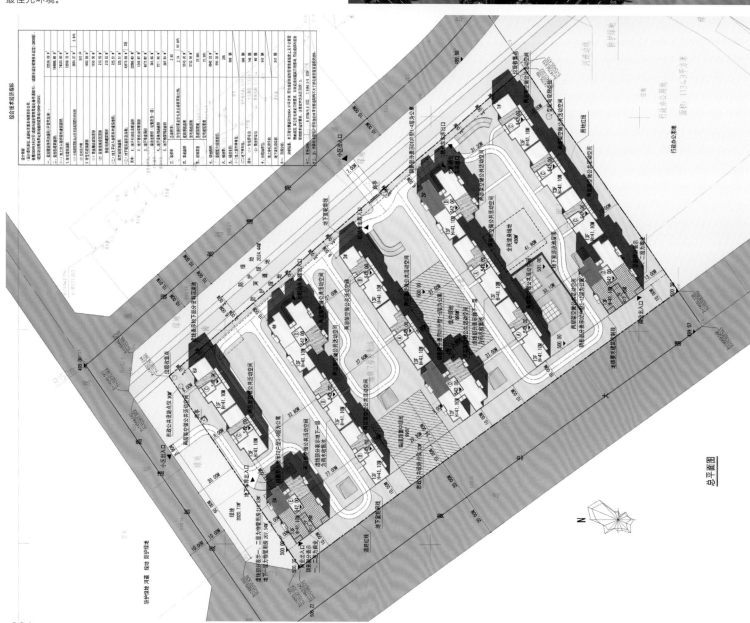

北京回龙观旧村改造定向安置房

项目地点：北京市昌平区
开发商：北京市昌平区回龙观镇回龙观村股份合作社
建筑设计：北京中联环建文建筑设计有限公司
占地面积：113 826.557 m²
总建筑面积：324 377.68 m²

　　本项目位于北京市昌平区回龙观镇回龙观村，北临城铁13号线。设计中尊重当地的文化特色，树立新时代健康文明的品牌形象，将该项目塑造成一个结合地方特色和时代文化的家园型小区，建设成自然和谐的可持续发展的品牌社区。

回龙观小区 鸟瞰效果图

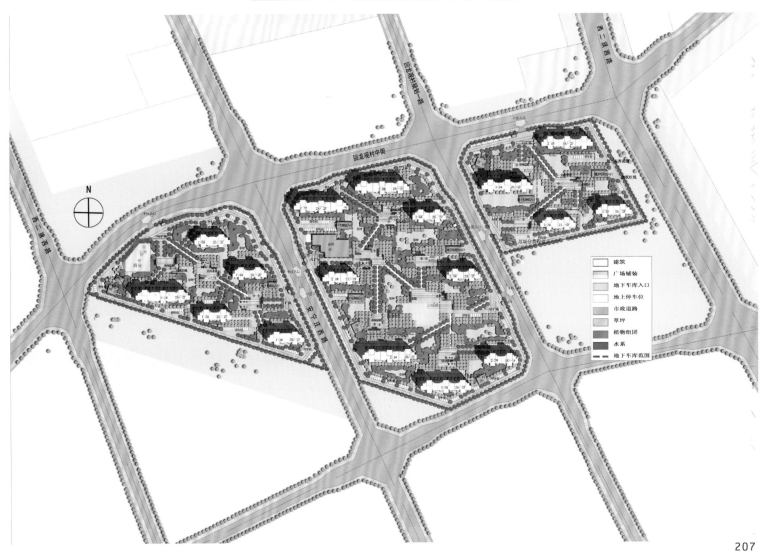

佛山时代里水 (二期)

项目地点：广东省佛山市里水镇蟹坑村
开发商：佛山市裕东龙房地产发展有限公司
规划/建筑设计：广东南海国际建筑设计有限公司
景观设计：贝尔高林国际 (香港) 有限公司
占地面积：49 935.5m²
总建筑面积：174 153.8m²
容积率：3.0
绿化率：30.21%

时代里水 (二期) 位于广州周边里水镇洲村，其设计充分考虑基地现有条件，在里横路两侧形成整体具有生活气息的居住社区，并充分利用周边自然景观，最大可能地提高土地利用率，接近面积约1万 m²的大型中心水景园林景观，保证各栋住户在拥有良好的景观视野，并保证空间构成灵活丰富而又不失整体性。基地南侧、西侧与城市道路连接，社区内部中央水景、成片树林、活动广场、架空绿化以及景观步行道等连成丰富多彩、景物随流线变化、整体统一的步行系统，形成了别具一格的生活品位和人文社区空间。

项目在户型设计上尽量提高户型使用率，在不增加成本的前提下提高户型的舒适度，如各功能用房的尺度控制、节省交通面积、厨卫的合理布置、增值措施等，多重附送价值也为户型增色不少。在立面造型上，延续了一期简洁的现代风格，利用不同色彩的穿插、搭配以及简约的线条处理都颇具特色。

总体布局设计

项目概况：

时代悦园小区二期位于广州周边里水镇洲村。基地[...]侧是主要道路里横路，西侧是规划道路，北面是小山岗[...]整个场地北高南低，坡度平缓，最大的高差约为3米。悦[...]一期则位于场地南面，相隔里横路。

整体布局：

[...]设计充分考虑基地现有条件，良好的呼应一[...]的设计[...]在里横路两侧形成整体具有生活气息的居住社[...]计充分[...]用周边自然景观，最大可能提高土地利用率，[...]点并且[...]动内人行车行系统独立为原则。整体布局采用[...]用行[...]式，沿场地周边布置 "L" 形和长条形围合状高层[...]。主入口正对130米纵深，接近1万平米大型中心[...]景园林景观，保证各栋住宅拥有良好的景观视野，并保[...]空间构成灵活丰富而又不失整体性。

路及内部空间系统布局：

基地南侧，西侧与城市道路连接，为呼应一期，而且[...]边是最主干道里横路。因此，小区人行主出入口布置[...]南侧、西侧中部有辅助的人行入口，小区内步行景观道[...]两个车行出入口分别设于东侧，和西北角，沿场地周边[...]置环形车道，地下车库出入口布置在环形车道靠城市道[...]一侧，车行系统基本在社区外部解决，不进入社区内部[...]而社区内部中央水景、成片树林、活动广场、架空绿化[...]及景观步行道等连成一丰富多样，景物随流线变化，[...]整体统一步行系统，形成了别具生活品味的人文社区空[...]

建筑设计：

18层的洋房单位以中小户型为主，如何在有限的建筑[...]面积里提供更多的实际使用空间，成为必需解决的问题。[...]因此项目在户型设计上尽量提高户型使用率，在不增加[...]本的前提下提高户型的舒适度，如各功能用房的尺度控[...]省交通面积，厨卫的最合理布置，增值措施等。合理[...]开间，方正实用的内部空间，多从附送价值为户型增色[...]少。在立面造型上，延续了一期简洁的现代风格，利用[...]同色彩的穿插 搭配，简约的线条处理并具有自己的特色。

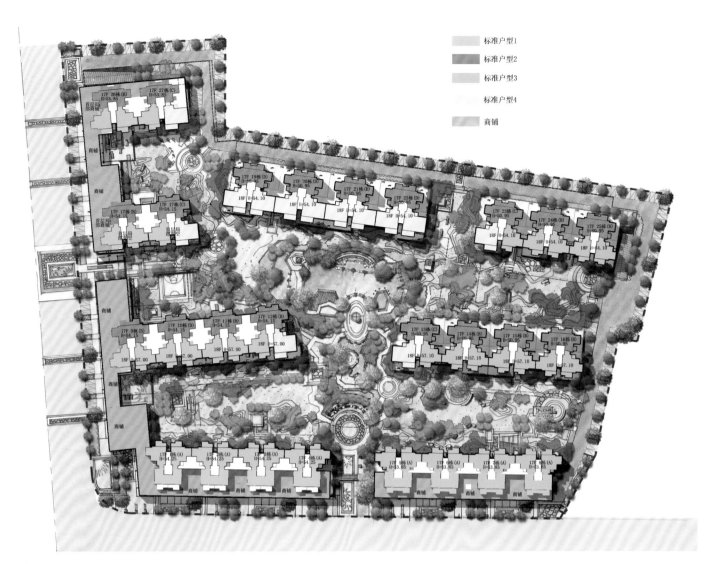

标准户型1
标准户型2
标准户型3
标准户型4
商铺

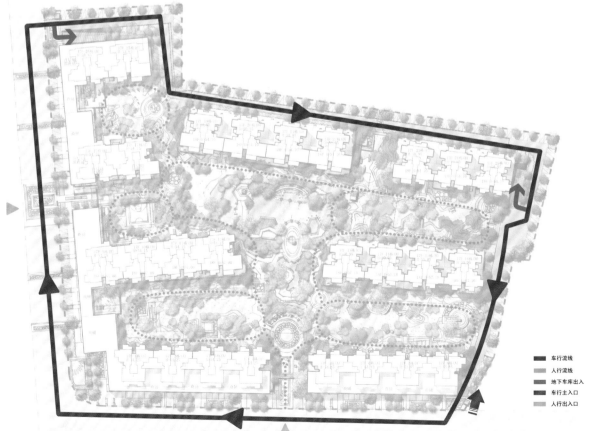

车行流线
人行流线
地下车库出入
车行主入口
人行出入口

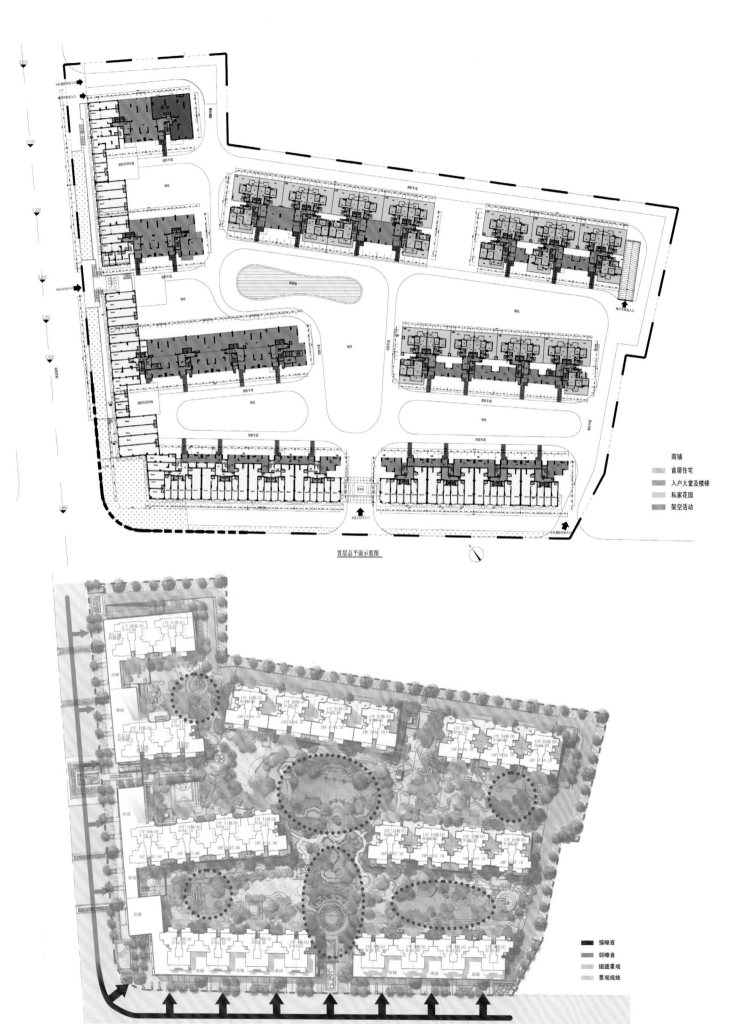

首层总平面示意图

商铺
首层住宅
入户大堂及楼梯
私家花园
架空活动

强噪音
弱噪音
组团景观
景观视线

常州长兴创智天地公寓

项目地点：江苏省常州市武进区
开发商：常州长兴房地产开发有限公司
建筑设计：上海创盟国际建筑设计有限公司
主设计师：王群
占地面积：25 968 m²
地上建筑面积：77 258 m²

　　贯穿其间的景观呈现出丰富的绿化空间，既创造了空间的开放性与参与性，也为小区内每一住户提供开阔的景观视野。为解决空间效果与景观的矛盾，设计者通过小区的空间间隔与建筑高低错落的造型，为居者增加了识别性。

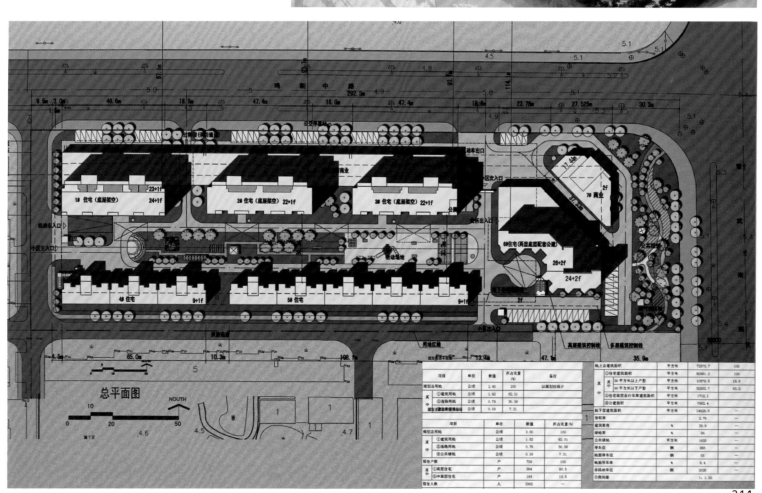

总平面图

SMALL HIGH-RISE RESIDENTIAL BUILDING

小高层住宅

Integration

综合　214-239

杭州蓝庭

项目地点：浙江省杭州市临平区
开发商：杭州余杭金腾房地产开发有限公司
建筑设计：GOA·绿城东方
景观设计：雅卓信国际有限公司
室内设计：PAL设计事务所有限公司（香港）
幕墙设计：浙江亚厦幕墙装饰有限公司
总建筑面积：580 000 m²

　　杭州蓝庭位于余杭临平星河路与320国道
交叉口（320国道以南），规划1 200户。杭州蓝
庭地中海庭院洋房采用地中海典型的摩尔式园
林景观布局，参照不同属性流水带来不同的感
觉。园区天然水系、庭院水景，营造双重水景体
验。双水系环绕，创造性地形成坡地、溪岸、绿
地、湿地等自然资源，营造了具有多重水景景观
的庭院。

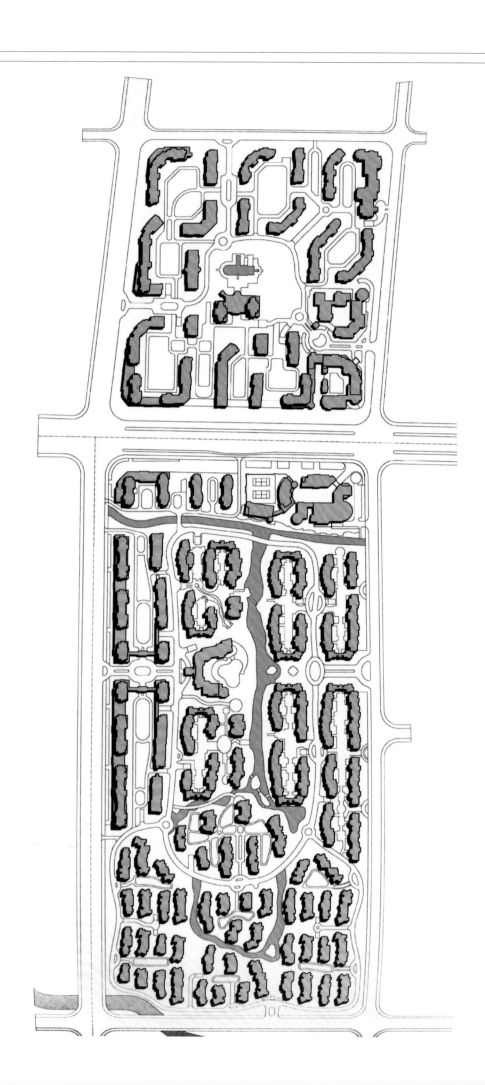

广州中海锦榕湾

项目地点：广东省广州市海珠区工业大道北
建筑设计：广州瀚华建筑设计有限公司
占地面积：56 200 m²
总建筑面积：156 171 m²
设计时间：2007年

　　水岸榕城和中海锦榕湾分别为光大花园的K/J区。本项目以原生态、简约、现代风格为设计理念，提供给每个业主进入大自然的机会，触碰人们意识的深处，感受大自然带来的本能质感并建立人与自然的交流，追求一种地域文化与自然生态相得益彰的现代人居理念，尊重历史，善待资源，人与自然和谐共存。住宅立面强调现代感和通透感，创造出新型、清新的住宅立面，极具时代气息。

韶关长城世家

项目地点：广东省韶关市
规划设计：广州市景森工程设计顾问有限公司
占地面积：226 000 m²
总建筑面积：420 000 m²
容积率：1.6

　　项目地处韶关市武江区，用地南面是直通韶关市中心区的工业西路，离市政府只有10分钟的车程；西面是建设中的323国道，建成后将连接韶关大道，直通新的政府规划区；北面是规划中的宝盖路，与323国道相连接。用地多为山地丘陵，在开发和建设上，具有一定的难度。

　　用地内的山体基本分成两个大的独立区域，其中西侧山体保留比较完整。虽然局部由于开挖导致边坡较高，但山势总体变化比较平缓，且用地内水景资源丰富，稍加改造就可以形成层层跌落的流水景观。

　　规划的核心理念是让环境延伸到人的生活空间，通过景观环境设计达到人与自然的亲近和交流；居住区形象充满现代气息，符合本区域特性。居住区格调表现出功能主义的形态构成，简约主义的审美情趣，自然主义的视觉体验，精工唯美的细微环节。居住区完整保留用地原有的"两山一水"的空间布局，通过强调两轴——中央景观水轴和连接东西两侧山体的的绿轴形成全区的景观脉络，并有机地串联起各居住组团。

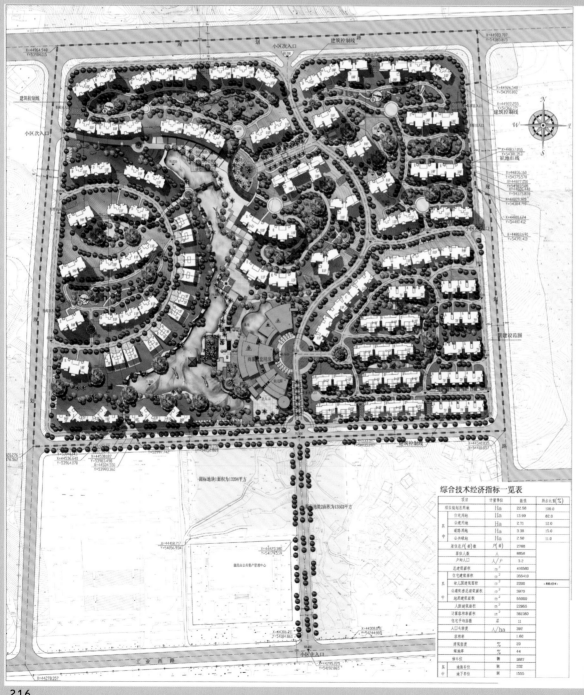

200米风情商业街　200米风情商业街

临安高层建筑群

项目地点：浙江省临安市
建筑设计：广州瀚华建筑设计有限公司

项目地块面积较大，规划为高层建筑群，建筑坐北向南，呈线状排布。同时地块南面临近湖水，为小区提供了良好的景观。在地块的东南角，布置一个大型的商业综合楼，涵盖购物、娱乐等功能，为社区内的居民提供便利。

唐山唐海县城南新区

项目地点：河北省唐山市唐海县
规划设计：北京中联环建文建筑设计有限公司
占地面积：1 120 000 m²

　　唐海县规划对南北城区分别进行规划设计，城南新区采用"一水一街"的空间模式，针对城北区提出旧城更新策略。其以人口、城市功能、城市定位专题为基础，提出城市发展目标与定位，规划城市结构为打造金廊、三轴拓展。远景从"三"到"四"，从"廊"到"环"。通过前期研究提出"一湾、两轴、三区"的城市结构，并寓意为"五彩屏风"。

　　唐海县将产业发展模式与空间发展模式相结合，规划为"一体两翼、一主两副、一带七片"的城市空间结构。唐海主干道分为"四纵"：唐海路、长丰路、迎宾路以及永丰路；"四横"：青林公路、建设大街、新城大街、滨海大街。

　　项目用地北临唐海行政办公中心，南临规划中的商务办公区，西临建设中的唐海工业区，东临冀东油田唐海基地办公居住区。地块方正，布置成六大组团，主出入口位于西侧的唐海路上，方便人流和车流出行。

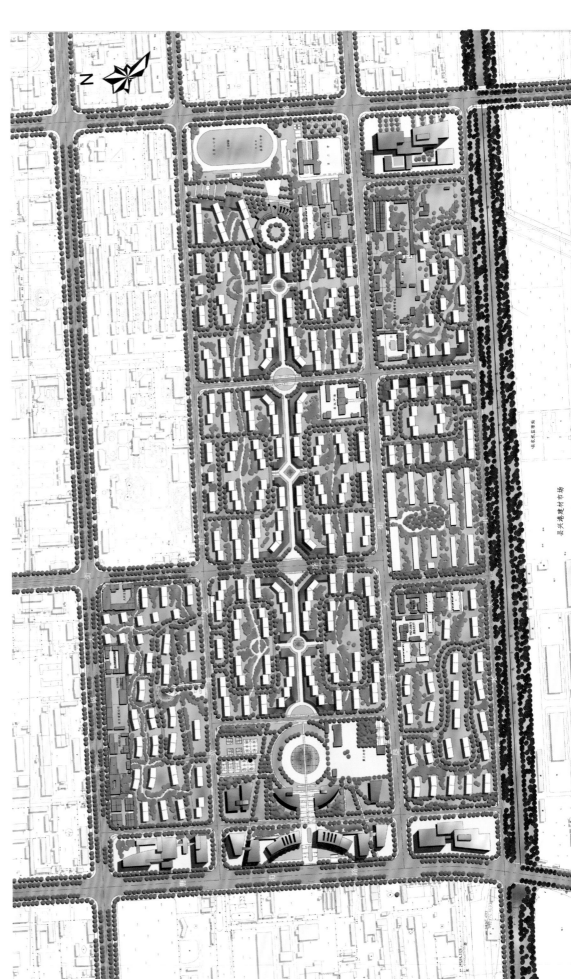

肇庆星湖湾

项目地点：广东省肇庆市
开发商：肇庆星发房地产发展有限公司
建筑面积：3 893.52 m²

　　项目将室外与室内景观共同规划，力求将室内、外景观相互融合。设计以简洁的直线为主，通过铺装、材质等变化及细节小品如景墙、汀步等，营造出一个供居民休息和交流的场所；建筑旁白沙里几株挺拔的青竹、几把中式沙发、小小的木质长椅、卵石上优美的陶艺枯枝瓶、中国特色的屏风……种种细节，无一不突显小区浓郁的中式风格，营造一种具有休闲的现代人文气息的空间。

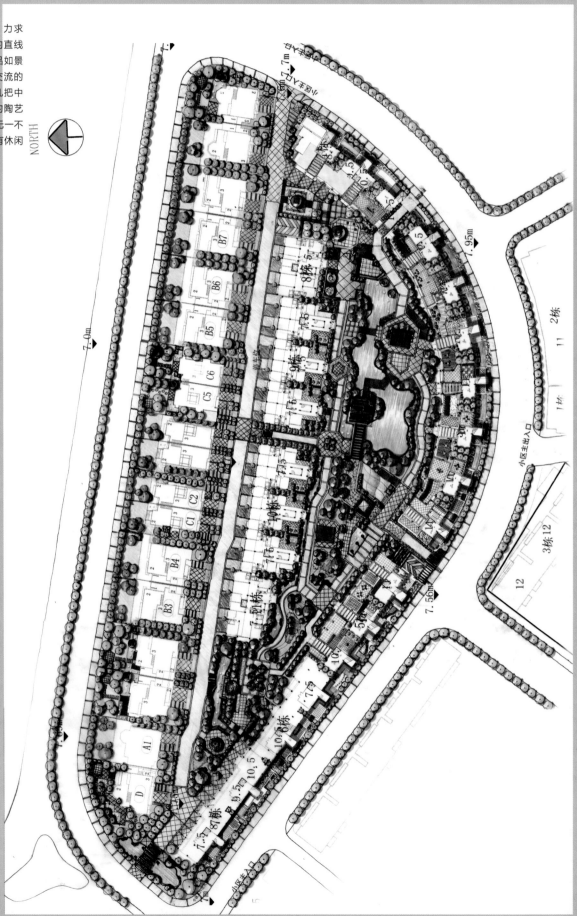

南京金地名京

项目地点：江苏省南京市
开 发 商：金地(集团)股份有限公司
景观设计：安琦道尔环境规划建筑咨询设计有限公司
建筑设计：南京市民用建筑设计研究院
占地面积：90 760 m²
建筑面积：200 000 m²

南京金地名京位于集庆门大街以南，云锦路以东，属于传统老城区、政府重点打造的新江东板块。金地名京紧邻南湖商业圈，周边生活配套设施比较成熟。靠近莫愁湖风景区及秦淮河风景带，直线距离1 km左右，业主既享受到旧城区便利的生活配套，又居于发展迅速的南京河西新城区，有着新、旧城区良好的人文和生活环境。

建筑采用城市中心罕见的11+1纯板式小高层，并进行了全套品牌精装修，提升了生活品质。金地名京容积率仅为1.7，再加上近50%的别墅级绿化率，一半是房子一半是园林。纯板式小高层最大达75 m的超宽栋距。在金地名京的规划中，"院落"是项目的最大特色和亮点，创新的三开、三进、三合九重院落打破了传统院落模式和院居思维，以公共院落、半私密院落、私密院落三种院落形式打造新城市院居。三开院落，在于构筑新友邻关系的公共院落空间；三进院落，重在营造亲切的入户院落体验；三合院落，突破传统造院理念，将院子搬到家中，带来只可与家人分享的私密院落。

赣州蓝波湾 (二期)

项目地点:江西省赣州市
开发商:赣州恒瑞置业有限公司
景观设计:广州市太合景观设计有限公司
总建筑面积:118 000 m²

　　蓝波湾 (二期) 项目位于赣州市章江旁,地理位置优越,滨江大道从小区旁通过,交通方便快捷。景观设计体现了 "以人为本" 的新都市主义理念,整体风格与建筑形式相互映衬,营造以现代风格为主,融入东南亚风格的景观园林,展示了浪漫、休闲、健康的高档精品社区。

　　小区主入口设在靠近章江的滨江大道边。通过主入口进入小区,迎面而来的是现代风格的园林景观。广场正中是一座造型现代的跌水和雕塑喷水的结合水池。再往前走,是一排造型别致的景墙,通过景墙及台阶,就来到了小区的中心泳池。泳池的设计采用不规则的形状,简洁而不乏动感,它包括儿童戏水池、成人池及一个小岛。通过两座木桥连接小岛。人站在小岛上,对泳池景观可以一览无余。整个小区水系采用点的方法进行布置,既不缺乏动感,又可以节约成本。地面线条明快、色彩丰富的铺装让人耳目一新。

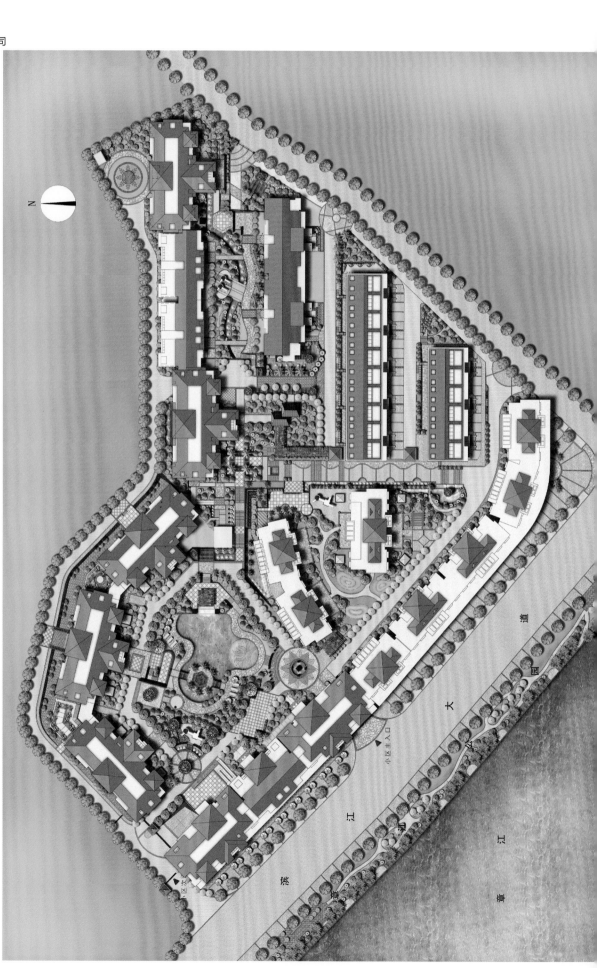

上海绿地蓝海庭

项目地点：上海市临港新城中心区
开发商：上海绿地湾置业有限公司
占地面积：9 300 m²
总建筑面积：19 284 m²
容积率：2.07

该项目设计为上海临港新城中心区（一期）WSW-C4-2地块（东至环湖西三路南侧、南至海港大道、西至中涟河东北侧、北至城市榫型绿地）之WSW-C4-2-2沿街商业和WSW-C4-2-7商业部分。

此规划以道路为界，WSW-C4-2-2地块商业用地为北街区，其一层和二层为商业部分，三层及以上为住宅部分。北区A一、二层为小区运动休闲中心，三层及以上为公寓。WSW-C4-2-7地块商业用地为南街区，全为商业设施。

两侧设置为社区所必需的商业服务配套设施，如超市、快餐、洗衣、美容、娱乐、邮电等功能，为社区居民的生活提供便利。在造型上，结合泛入口的概念及建筑的特点规划布局底商建筑。大小不一的入口广场美化了社区沿路的视觉效果，打破底层一层商业延续过长、单调拘谨的格调，同时又能够与高层的比例相协调，还为商业提供了一种全新的物业形态。

深圳澳城花园

项目地点：广东省深圳市
开发商：深圳市蛇口海湾实业股份有限公司
占地面积：69 382.6 m²
总建筑面积：183 280 m²

    项目地处深圳市蛇口区，东临填海规划区，北临工业五路。项目总占地面积69 382.6 m²，总建筑面积183 280 m²，分南北两区开发，其中南区占地面积40 557.1 m²，北区占地面积28 825.5 m²。项目以11层及18层住宅为主，南区另设有22层和20层住宅各一栋，15层公寓（小户型住宅）一栋；北区另设有26层住宅三栋。总住宅建筑面积13万 m²，另设有配套商业设施、配套社区服务设施、幼儿园等建筑，室外配套设施有活动广场、休闲绿化花园、户外游泳池等。

黄山绿地上郡

项目地点：安徽省黄山市
开发商：绿地集团
建筑设计：英国UA国际建筑设计有限公司
占地面积：80 000 m²
总建筑面积：161 800 m²

项目位于黄山市休宁县中心城区，占地面积80 000 m²，规划建筑面积161 800 m²，是集商业、娱乐、酒店、花园洋房、多层与小高层住宅公寓于一体的综合型现代生活区。整体项目一次规划，三期开发，首期工程开发建筑面积为5万 m²，整体项目计划在两年内建成。

项目规划上注重汲取徽派建筑文化的精髓，并与海派设计现代、明快的建筑文化元素相融合，充分体现古典与时尚的融合和贯通，在环境布局、户型设计、智能化配套、商业配套等方面体现出现代性、先进性；合理组织套内空间，动静分区，洁污分区；着力打造一个"一水两轴环三岛，背山临水丛林生"的有机的立体景观网络，使绿地上郡成为休宁县新一代人居典范。

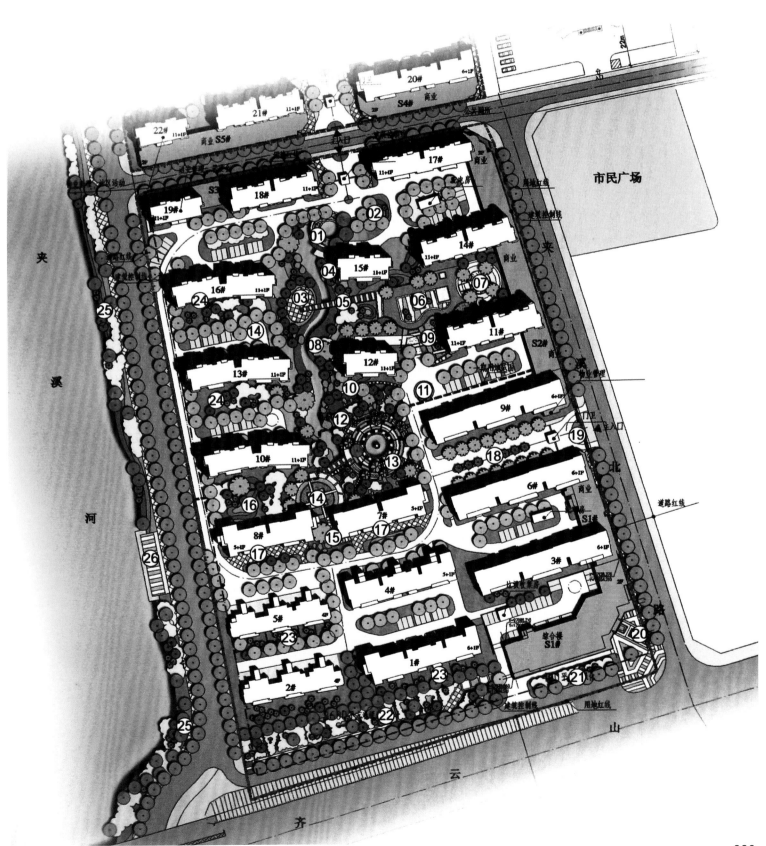

上海罗店新镇住宅

项目地点：上海市
建筑设计：上海众鑫建筑设计研究院
主设计师：王文君、吴佳
占地面积：117 000 m²
容积率：1.2

　　该项目所处的罗店新镇，距上海市中心28km，有占地面积200 000 m²的美兰湖、美兰湖会议中心、北欧风情街、诺贝尔科技公园、高尔夫会馆、36洞的高尔夫球场等，是上海地区乃至全国唯一体现北欧风情的绿色文明都市城镇。项目将外部天然河流引入地块中央，围绕其布置一组6层左右的花园洋房，小区整体呈流线型布置，强调空间对位和视线引导，立面采用北欧风格，强调有机、原生态的建筑理念。

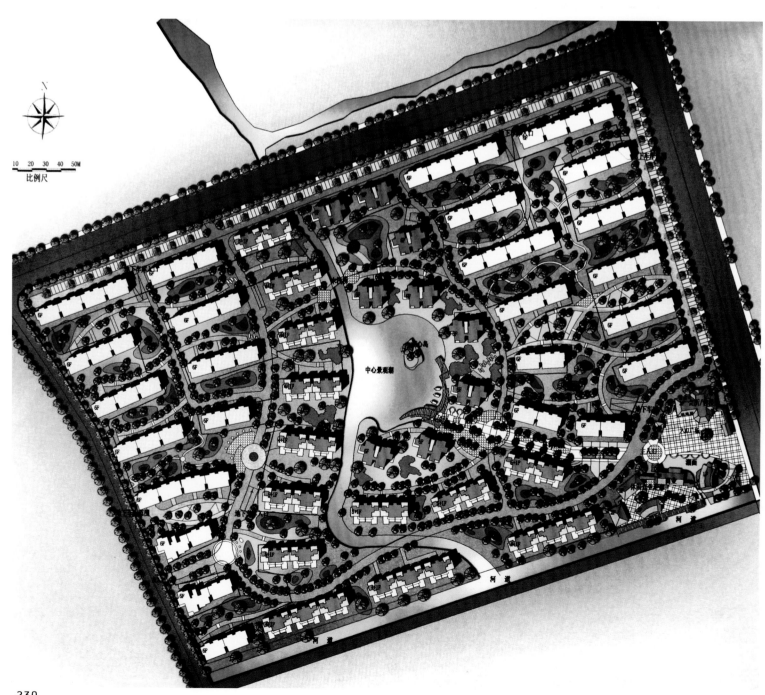

万宁宝安椰林湾

项目地点：海南省万宁市
开发商：万宁宝安房地产开发有限公司
建筑设计：苏州三川营造有限公司
总占地面积：135 170 m²
总建筑面积：231 310 m²

　　宝安椰林湾项目坐落于海南省万宁市人民东路，总占地面积135 170 m²，总建筑面积231 310 m2，是万宁目前大规模的度假休闲社区，容积率1.7，绿化率48%，停车位1475个(含非机动车位)，项目拟定分三期开发。宝安椰林湾社区园林以"热带园林"为主，汲取"海南文化"、"东山文化"、"黎苗文化"，打造邻里和谐、人间诗画般的居住空间。项目周边生态环境保存良好，被誉为"热带植物园 热带花园"。同时，石梅湾、南燕湾、日月湾构成了万宁市最美丽的风景线。高速公路、东线轻轨形成便捷的交通大动脉，40分钟可抵达海口、三亚。

　　在园林细节景观设计上以小区道路、水系为脉络，结合横向和竖向的变化，将雨水收入水系中。东西大门入口各有一门楼，东边会所后大水面采用自然土坡，并结合湖心岛、点缀特征识别物，营造一个海南风情浓郁的集中区域；西边入口以跌水作背景，更是引人入胜。其他小景以景墙、坡地、林地文化等构成。整个项目景观将水景、植物、人文、功能等充分融合，人文与自然灵动结合，草地与林地相得益彰，营造出一个"人在林中走，林中看太阳"的空间环境。文化脉络上充分挖掘海南特别是黎苗区优秀文化，充分融入海南民居特点和特征识别物，将多个喻指海南民俗风情的传奇故事生动演绎，并充分表达海南特有的"民族文化"、"东山文化"和居家特点。

　　整个项目以"一心、一轴、三片区"为规划原点，体现"阳光海岛，美丽椰林湾"为概念的设计主题；一心是指位于小区用地几何中心的公共服务设施，由配套设施、泳池、景观水系等一系列公共服务设施构成，是社区核心所在；一轴是指从东部入口广场处为起点，贯穿整个场地中部的开放性的空间景观轴，由入口广场、景观节点及景观水系等构成，是整个居住区的核心景观区域；三片区是指中部的临街商业区以及东、西两片高级公寓区。整个景观网以"两大门及会所"的中轴线作为主景观带，以会所后大水面作为全区景观统帅。楼间点状布局。

广州亚运城

项目位置：广东省广州市番禺区石楼镇清河东路以南地段
开 发 商：广州利合房地产开发有限公司
规划设计：广州城市规划勘测设计研究院
占地面积：2 737 230 m²
总建筑面积：4 380 000 m²

广州亚运城位于番禺区中东部，是规划的广州新城建设启动区，是城市"南拓"发展战略的重要组成部分，其建设将带动广州新城及周边区域快速发展。广州亚运城是一个占地面积2.73 km²、总建筑面积438万 m²的超大规模综合社区，相当于四个北京奥运村、八个北京亚运村的大小。亚运城内依靠专用巴士、电瓶车及自行车作为村内人员的交通工具。专用巴士与周围交通站点连接，用于环绕整个亚运城，并可到达运动员村的各区入口、媒体村和广州亚运体育馆等场所。

建筑立面线条简洁，色彩现代感强烈。几何造型贯穿建筑群，让整个社区极具现代简约气息。

整个住宅区规划以超低密度设计，采取首层全架空设计，保证了社区整体的良好通风性与园林空间的整体性，是广州第一个首层全架空的大型社区。亚运城"三大村"分别主攻小、中、大户型，其建筑装修风格多样，分别采用现代、古典、异域风情等不同风格。

广州亚运城规划总平面图

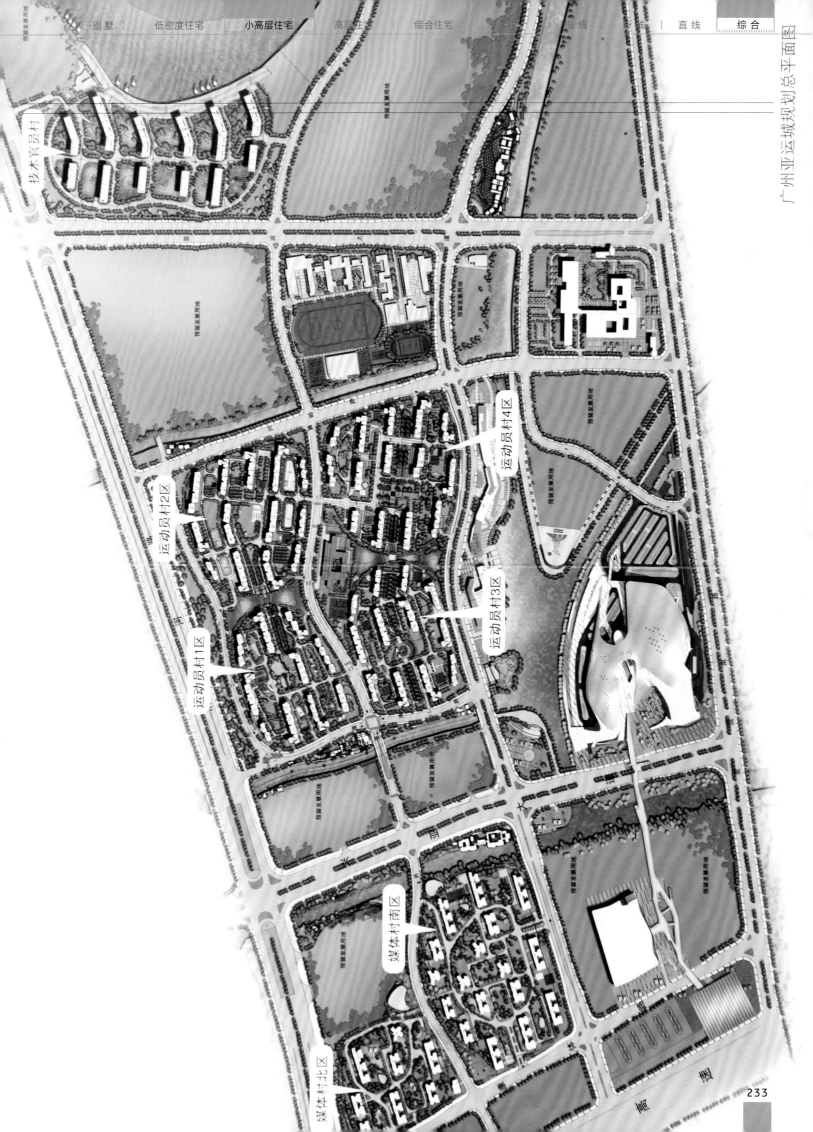

广州亚运城规划总平面图

技术官员村

运动员村2区

运动员村4区

运动员村1区

运动员村3区

媒体村南区

媒体村北区

预留发展用地

梅州客天下

项目地点：广东省梅州市
建筑设计：城市建设研究院深圳分院
主设计师：鄢凯、郭振玉、袁自星

梅州客天下旅游产业园位于梅州市梅江区三角镇东升村，占地面积约2 000万m²，分三期开发。客天下旅游产业园是经广东省梅州市人民政府批准成立，集科研、教育、生态、文化、休闲、度假、居住和旅游等为一体的客家民俗文化旅游产业园。它是中共梅州市委、市政府"十一五"规划、建设社会主义新农村、打造"世界客都、文化梅州"的重点工程，是梅州"旅游产业兴市"的社会工程、民心工程，更是梅州走向世界的一张新名片。

梅州客天下旅游产业园规划的总体定位：集会议、休闲、居住、度假、旅游、文化、娱乐、健身等功能为一体的国际旅游度假中心。整个产业园按"总体规划、弹性调整、分步实施"的思路进行开发，建设期限为10年。产业园占地637万m²，其中郊野公园用地为432万m²，防护绿地为26万m²，地产用地为179万m²。

佛山海琴湾

项目地点：广东省佛山市顺德区
开发商：粤鸿基房产有限公司
占地面积：53 365 m²
总建筑面积：190 000 m²
绿化率：35%

　　海琴湾花园位于顺德大良新桂中路与云良路交界处，坐拥桂畔海一线江景和桂畔海长堤公园。海琴湾由粤鸿基房产有限公司精心开发建设，占地面积53 365 m²，总建筑面积190 000 m²，是由23栋高度不同、错落有致的楼宇组成的大型高尚文化社区。海琴湾以健康、环保、科学为规划理念，既符合采光、采景和通风的健康居住要求，又能为业主创造亲密的交流平台；同时把欧陆建筑文化精髓、水岸居住文化和音乐艺术文化表现得淋漓尽致。

韶关亿华明珠城

项目地点：广东省韶关市曲江区
开发商：韶关市亿华房地产有限公司
建筑设计：美国开朴建筑设计有限公司
景观设计：理田国际（澳洲）建筑景观与室
内设计有限公司
占地面积：98000m²
容积率：2.37
绿化率：30.1%

A-01 总体鸟瞰图

　　韶关亿华明珠城位于韶关市曲江新区，紧邻马坝河，商业极为繁华。项目为旧城改造项目。景观设计以自然、浪漫的设计理念，现代的景观表现手法，生态景观的要求，营造出舒适、雅致、休闲的空间氛围，提高居住生活品质，创造优美的室外环境。寻求人与建筑、山水、植物之间的和谐共处，使环境融于自然之中，达到人与自然的和谐。

　　设计者考虑了不同文化层次和不同年龄人活动的特点，设置明确的功能分区，形成动静有序、开敞和封闭相结合的空间结构，以满足不同人群的需求。设计中主要采用以植物造景为主，绿地中配置高大乔木和茂密的灌木，营造出令人心旷神怡的环境。选择适生树种和乡土树种，宜树则树，宜花则花，宜草则草，充分反映出地方特色，使植物发挥出最大的生态效益。

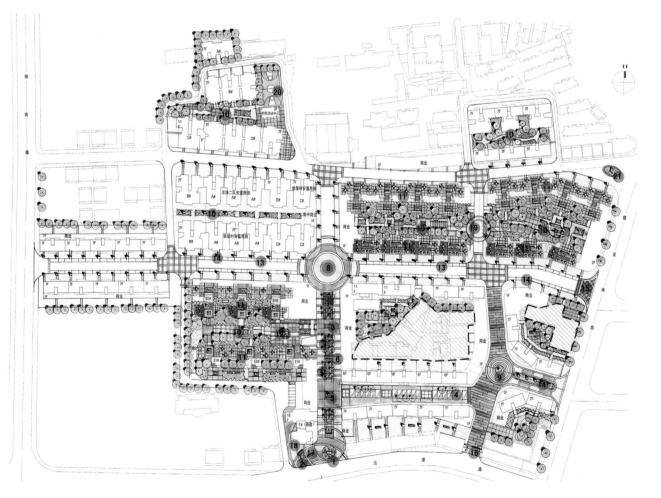

1. 主入口特色水景
2. 特色几何种植
3. 方形广场
4. 棕榈树阵
5. 林荫道
6. 特色林荫休闲带
7. 特色林荫休闲带
8. 中心交通广场
9. 对景雕塑及种植
10. 绿化组团
11. 架空层景观
12. 特色种植（乔木）
13. 路边停车
14. 特色景观灯柱
15. 入口铺装
16. 入口特色景观构架
17. 入口特色景墙（LO
18. 售楼处水景
19. 组团入口景观
20. 社区活动场地
21. 入口景观标识

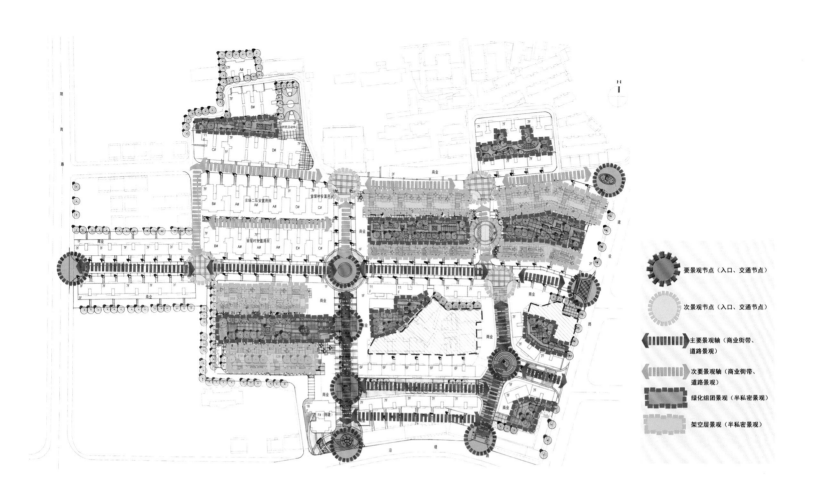

要景观节点（入口、交通节点）

次景观节点（入口、交通节点）

主要景观轴（商业街带、道路景观）

次要景观轴（商业街带、道路景观）

绿化组团景观（半私密景观）

架空层景观（半私密景观）

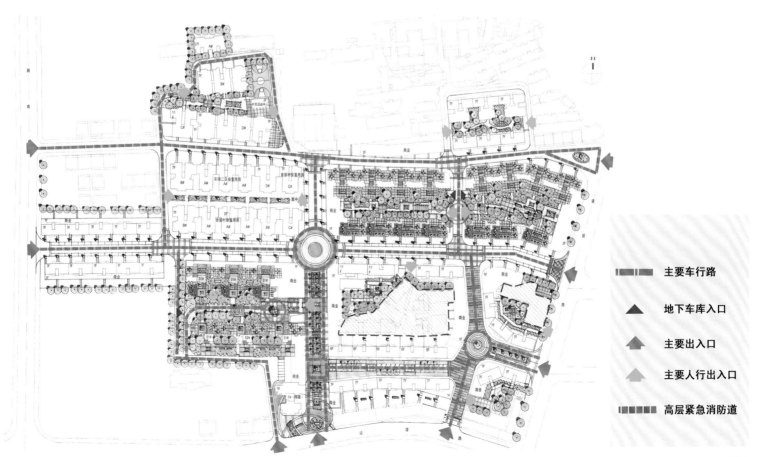

主要车行路

地下车库入口

主要出入口

主要人行出入口

高层紧急消防道

深圳卓能郡府

项目地点：广东省深圳市龙华镇
开发商：香港卓能地产
建筑设计：华森建筑与工程设计顾问有限公司
占地面积：51 323.79m²
总建筑面积：155 867m²

　　卓能郡府位于深圳市龙华镇布龙公路北侧，其中包括建筑面积为109 070 m²的住宅、4 800 m²的商业和2 400 m²的幼儿园，30 000 m²的中庭园林规划。以夏威夷水岸为主题，社区首层全部架空，由七栋16～18层住宅组成。

　　小区内九大主题景观，将商业、跌水、涌泉、光影、雕塑、1 300 m²的泳池、黄金沙滩、水吧、按摩池、儿童游泳池、社区活动中心等融为一体，造就了一个具有参与性、娱乐性、观赏性，动静相间，步移景异的夏威夷度假式园区。